天津市自然科学学术著作　天津市科协资助出版

光伏发电
并网逆变技术

李练兵　著

U0390123

化学工业出版社

·北京·

研究光伏发电技术，推动光伏发电产业的发展，对于缓解常规能源的短缺和减少环境污染具有重要作用。并网逆变技术是光伏发电系统的核心技术。本书围绕光伏发电并网逆变技术，系统地介绍了单相和三相并网逆变器设计方法、光伏电池最大功率跟踪控制技术、并网逆变系统孤岛检测与低电压穿越方法的分析、光伏并网发电监控系统、光伏发电系统的优化设计、光伏发电系统功率预测与能量管理分布式发电与微电网技术等内容。

本书理论与实践紧密结合，涵盖了光伏并网逆变系统设计方面的诸多先进技术，可供光伏发电并网技术领域的工程技术人员、研发人员、管理等相关人员阅读，也可作为高等院校相关专业师生的参考书。

图书在版编目（CIP）数据

光伏发电并网逆变技术/李练兵著. —北京：化学工业出版社，2016.3（2024.6重印）
ISBN 978-7-122-26090-1

Ⅰ.①光… Ⅱ.①李… Ⅲ.①太阳能发电-逆变器
Ⅳ.①TM615

中国版本图书馆 CIP 数据核字（2016）第 013107 号

责任编辑：廉　静　　　　　　　　　　　装帧设计：关　飞
责任校对：程晓彤

出版发行：化学工业出版社（北京市东城区青年湖南街 13 号　邮政编码 100011）
印　　装：北京科印技术咨询服务有限公司数码印刷分部
787mm×1092mm　1/16　印张 13½　字数 331 千字　　2024 年 6 月北京第 1 版第 8 次印刷

购书咨询：010-64518888　　　　　　售后服务：010-64518899
网　　址：http://www.cip.com.cn

凡购买本书，如有缺损质量问题，本社销售中心负责调换。

定　　价：49.00 元

前　言

2005 年开始，随着中国光伏产业的迅猛发展，光伏发电并网逆变技术的研究得到了巨大推动，正是在这种背景下笔者开始了这一技术领域的科研工作。光伏逆变技术以电力电子技术为基础，融合了电力系统、光伏电池、微控制器、储能电池等相关技术，并网逆变装置的研发需要深厚的经典控制理论和电力电子技术基础，更需要熟练的 DSP、FPGA 软硬件驾驭能力。其控制管理策略涉及线性控制理论和智能控制理论、数值天气预报、电网调度等各个领域，并需要大量经验的积累和较长时间的成熟过程。

我国的光伏并网逆变技术发展经历了一个从简单到复杂，从故障频出到成熟稳定，从入门者要求到领跑者标准的一个进步过程。在这期间涌现出大量优秀的技术型专业公司，他们推动了我国光伏并网逆变技术的进步。笔者的技术研究历程也正是伴随着这样一个逐渐发展的过程，经历了从单相到三相，从两电平到三电平，从组串式到集中式再到微逆，从独立显示到系统监控，从随发随用到功率预测和储能管理，从单机运行到多机联携的发展过程。同时也见证了从光伏并网逆变技术研发到科林电气光伏逆变产品量产化的过程，并协助科林电气建立了河北省分布式光伏发电监控系统工程实验室，形成了坚实的光伏发电技术研发平台。

在这个过程中，笔者带领一批有才华的年轻研究者共同开展了一系列研究工作。本书按照上述发展路线进行了系统整理，吸收了大量共同进行的研究工作成果，这些研究者包括赵治国、马强、张立强、孙立宁、崔志强、刘炳山、赵国伟、刘哲、王同广、莫红影、张雷、张航、张秀云、张鹏、张晓娜、王增喜、郭向尚。参与本书编写工作的还有马欲晓、李漫、王泽伟、孙鲁滨、郜丽忠、侯荣立、安子腾、田永嘉等同学。屈国旺、张虎祥、陈洪雨、陈贺、张文宝、王浩军参与了本书的编写工作。

本书由天津市科学技术协会资助出版。

由于笔者理论水平和技术能力有限，本书难免有一些不足和疏漏之处，敬请广大读者和专家批评指正。

编　者

2015 年 12 月

目 录

第3章 光伏电池最大功率跟踪控制技术 /54

第4章 并网逆变系统孤岛检测、绝缘检测与低电压穿越 /75

第7章　光伏发电系统功率预测与能量管理　/138

第8章　分布式发电与微电网　/167

第1章

绪　论

1.1　光伏发电技术研究的意义

1.1.1　光伏发电的发展前景

能源是国民经济发展和人民生活所必需的重要物质基础，也是推动社会经济发展和提高人们生活水平的动力。从原始社会的钻木取火到近代的化石能源以及核能、地热能、潮汐能、风能、太阳能等各种新能源的应用无不闪现着人类的智慧之光。能源的变革往往由社会生产发展的需求所驱动，能源生产和消费的革命又反过来推动社会生产力的飞跃。随着全球工业化的全面发展，各个国家各个行业对能源的需求急剧扩大，能源需求的质与量已经成为衡量一个国家或地区经济发展状况的标准。

然而，随着人类对能源需求的日益增加，化石能源的储量正日趋枯竭。瑞士银行近期发布报告指出，世界已证实石油储量有 1.8 万亿桶，按现有的石油消费水平，世界石油还可开采 46 年，半个世纪以后，地球上的石油、天然气将开采殆尽，200 年后将无煤可采。在中国，这一情况也不容乐观，据统计，2014 年石油消费量达 5.19 亿吨，其中进口原油 3.08亿吨，对外依存度达到 60%。根据专家预测，到 2020 年，中国石油消费量将突破 7 亿吨，69% 以上将依赖进口。我国煤炭消费量在 2014 年出现本世纪以来的首次下降，降幅约为2.8%，但消费量仍然达到 35.1 亿吨，超过全球总消费量的 50%。根据中国能源研究会等业界机构的相关研究预测，中国煤炭消费量的峰值将在 2020 年左右到来，天然气的需求量将达到 4000 亿立方米，而全世界的需求量将达到 4 万亿立方米。化石能源在开采、运输和使用过程中都会对空气和人类生存环境造成严重的污染，同时大规模温室气体的排放使得地球表面气温逐年升高。如果全球不控制 CO_2 排放量，温室效应将使南、北两极的冰山融化，这可能会使海平面上升几米，四分之一的人类生活空间将由此受到极大威胁。

针对以上情况，开发利用可再生能源和各种绿色能源以实现可持续发展已经成为人类社会必须采取的措施。环境保护早已经提到联合国和各级政府的议事日程上来，并规定每年的6 月 5 日成为世界环境保护日，"世界只有一个地球""地球是你我共同的家""让地球充满生机"等环保口号充分反映了全人类的共同心声。

可再生能源主要有水能、太阳能、风能、地热能、生物质能等能源形式，它们最大的特点是具有自我恢复能力。人们在使用过程中，可再生能源可以从自然界中源源不断地得到补充，它们是取之不尽，用之不竭的能源。水能是目前应用最广泛的可再生能源，但是它受地理条件、天气气候的影响很大，利用范围有限。

根据世界各国的可再生能源发展目标和目前的实际进展情况，专家们预测，到 2050 年，可再生能源占总一次能源的比例约为 54%，其中太阳能在一次能源中的比例约为 13%～15%，到 2100 年，可再生能源将占 86%，太阳能占 67%，其中太阳能发电占 64%。

经过学者的研究与论证，人们普遍认为太阳能和风能是解决能源危机和环境污染的最有效和可行的能源类型，是新世纪最重要的能源类型。尤其是太阳能及其光伏发电的应用，它以其独特的优点越来越受到人们的关注：

① 太阳能取之不尽、用之不竭，足以供给地球人类使用几十亿年；
② 太阳能应用地域广阔，农村、海岛及偏远地区利用价值更高；
③ 太阳能清洁，开发利用过程中无污染；
④ 太阳能光伏电站勘察设计简单，建设安装周期短；
⑤ 太阳能光伏发电没有运动部件，没有噪声，不易损坏，维护简单。

1.1.2 国外光伏发电的研究现状及发展

化石能源的有限性和环境保护压力的增加，使世界上许多国家加强了对绿色能源和可再生能源技术研究的支持。光伏发电产业发展的初期主要是依靠各国政府在政策及资金方面的大力扶持，现在它已逐步商业化，进入了一个新的发展阶段。许多大公司的介入，使产业化进程大大加快。自 20 世纪 90 年代以来，国外发达国家掀起了发展"屋顶光伏发电系统"的研发高潮，屋顶光伏发电系统不单独占地，将太阳电池安装在现成的屋顶上，非常适合太阳能能量密度较低的特点，而且其灵活性和经济性都大大优于大型光伏并网发电，有利于普及，有利于战备和能源安全，所以受到了各国的重视。1997 年 6 月，美国前总统克林顿宣布实施"百万个太阳能屋顶计划"，计划到 2010 年安装 100 万套太阳能屋顶。其他一些发达国家也都有类似的光伏屋顶发电项目或计划，如荷兰、瑞士、芬兰、奥地利、英国、加拿大等。属于发展中国家的印度也在 1997 年 12 月宣布到 2020 年将建成 50 万套太阳能屋顶发电系统。

2006 年，美国提出"太阳能先导计划"意在降低太阳能光伏发电的成本，使其 2015 年达到商业化竞争的水平；日本也提出了在 2020 年达到 28GW 的光伏发电总量；欧洲光伏协会提出了"setfor2020"规划，规划在 2020 年让光伏发电做到商业化竞争。

日本在光伏发电与建筑相结合的市场方面已经做了十几年的努力。由于国土面积狭小，日本主要采用光伏屋顶发电系统，即太阳能电池组件和房屋建筑材料形成一体，如"太阳电池瓦"和"太阳电池玻璃幕墙"等，这样太阳能电池就可以很容易地被安装在建筑物上，也很容易被建筑公司所接受。2011 年"311 大地震"以后核电站相继关停，政府对清洁能源高额补贴的推出使得光伏发电得到进一步的迅速发展，发电规模从 1000 万千瓦猛增到 6800 万千瓦。

近几年，随着光伏组件价格的下降和建设需求的增加，世界光伏发电产业发展非常迅猛。2014 年，全球新增太阳能光伏发电 38.7GW，累计安装量达到 177GW。2014 年累计光伏装机容量约为 2008 年光伏累计装机容量的 10 倍，光伏年发电量占全球电力消费总量的

1%。其中 19 个国家的光伏发电量占该国电力消费总量比例超过 1%。光伏发电量占比最高的 3 个国家分别是，意大利占比 7.9%，希腊占比 7.6%，德国占比 7.0%。各国光伏发电占总发电量的百分比如图 1-1 所示。预计今后 10 年光伏组件的生产将以每年增长 20%～30% 甚至更高的递增速度发展，预计到 2050 年左右，太阳能光伏发电将达到世界总发电量 10%～20%，成为人类的基本能源之一。

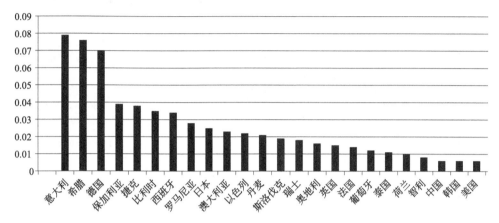

图 1-1 世界各国光伏发电占总发电量的百分比

对于光伏发电技术，当前国际上最新的研发热点主要集中在低成本、高效率的光伏电池板与高效率、高稳定性的逆变设备以及光伏建筑集成应用系统等方面。光伏电池板与逆变设备以及监控管理系统间的最佳配置也是光伏系统研究的关键，它涉及多项技术。美国、德国、荷兰、日本、澳大利亚等国家在光伏屋顶计划的激励下，许多企业和研究机构成功地推出了多种不同的高性能逆变器。

太阳能电池的发电效率在不断提高。图 1-2 是各种材质和类型的光伏电池板发电效率的研发进展，聚光型多结光伏电池的实验室效率达到了 44.7%（四结聚光电池），普通单晶硅光伏电池的发电效率也达到了 25%。

随着技术进步和产量的扩大，光伏发电系统的成本也在不断下降。过去 8 年，光伏组件价格下降 89%，系统价格下降 87%，光伏电价下降 80%。如图 1-3 所示。

光伏逆变装置是光伏发电系统的另一个关键设备，国际上著名的光伏逆变器公司主要有德国的 SMA，美国的 Power-ONE，Emerson，德国的 KACO，REFUsol，奥地利的 Fronius，德国的 Siemens，丹麦的 Danfoss 等，他们在市场份额、逆变效率、可靠性等方面仍然占据一定优势。

1.1.3 我国光伏发电的现状及发展

我国的太阳能资源非常丰富，据统计，太阳能年辐照总量大于 502 万千焦/平方米，年日照时数在 2200 小时以上的地区约占国土面积的 2/3 以上，具体分布见表 1-1。因此，我国具备开发利用太阳能资源的天然有利条件。

近年来，我国的光伏发电产业发展非常迅速。在政策方面，2009 年国家相继推出了《太阳能光电建筑应用财政补助资金管理暂行办法》、金太阳示范工程等鼓励光伏发电产业发展的政策；2010 年国务院颁布的《关于加快培育和发展战略性新兴产业的决定》明确提出要"开拓多元化的太阳能光伏光热发电市场"；2011 年国家发改委、国家能源局、国家财政

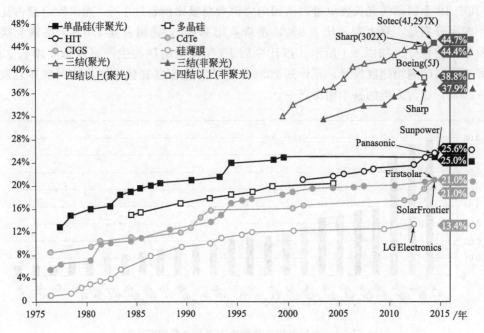

图 1-2　各种材质和类型的光伏电池板发电效率研发进展

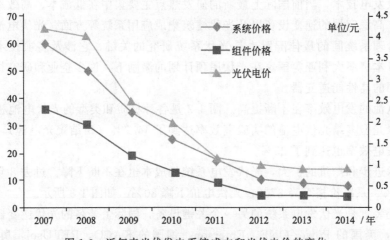

图 1-3　近年来光伏发电系统成本和光伏电价的变化

表 1-1　太阳能年辐射的地区分类

地区分类	全年日照时数/h	太阳年辐射总量/(MJ/m² · a)	地区
Ⅰ	3200~3300	6700~8400	宁夏北部、甘肃北部、新疆东南部、青海西部和西藏西部
Ⅱ	3000~3200	5900~6700	河北北部、山西北部、内蒙古和宁夏南部、甘肃中部、青海东部、西藏东南部和新疆南部
Ⅲ	2800~3000	5000~5900	山东、河南、河北东南部、山西南部、新疆北部、吉林、辽宁、云南、陕西北部、甘肃东南部、广东和福建南部、北京
Ⅳ	1400~2200	4200~5000	江苏、安徽、湖北、湖南、江西、浙江、广西及广东北部、陕西南部、黑龙江
Ⅴ	1000~1400	3400~4200	四川、贵州

部相继出台一系列支持、鼓励太阳能光伏发电的政策，鼓励屋顶光伏发电，自发自用，余量上网。这些优惠政策对太阳能光伏发电企业补贴力度较大，例如，家庭屋顶太阳能光伏发电站每生产一度电就可以获得国家 0.42 元的补贴，使得普通家庭建设太阳能光伏发电站的投资在短期内得到回收。2012 年工业和信息化部制定了《太阳能光伏产业"十二五"发展规划》，并制定了分布式光伏并网便利化措施。当年底，中国首个居民用户分布式光伏电源在青岛实现并网发电，从申请安装到并网发电，整个过程用了 18 天就全部完成。2013 年 7 月 2 日，攀枝花学院 2.1MW 太阳能屋顶光伏发电项目建成投运，该项目是国家示范工程第一批项目，装机容量为 2.1MW，年发电量达 $261.01 \times 10^4 kW \cdot h$，每年可节约标煤 886t，减少二氧化碳排放量 1933.12t，减少二氧化硫排放量 13.10t。这些范例表明，公共服务领域建设分布式光伏电站具有很强的节能减排效应。

我国分布式光伏发电的渗透率与欧洲日本相比还比较低，尚处于起步状态，但发展速度非常快。截至 2014 年底，我国光伏发电累计装机达到 $2805 \times 10^4 kW$，当年新增装机 $1060 \times 10^4 kW$，位居世界第一，如图 1-4 所示。

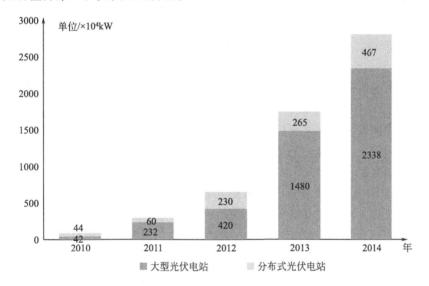

图 1-4　近年来我国光伏发电累计装机容量

技术方面，经过十多年的努力，我国光伏发电技术有了很大的发展，与发达国家相比有差距，但差距在不断缩小。

光伏产业方面，2000 年以后，我国光伏产业进入快速发展期，但整体发展水平仍然落后于国际先进水平，参与国际竞争有一定的难度。2002 年，光明工程项目使市场年销售量猛增到 20MW，光伏系统保有量达到 40MW 左右。当时的光伏发电市场主要是为无电地区供电为主。2003 年，在全球市场的拉动下，我国光伏电池产业开始了跨越式的发展进程。当年，我国太阳能电池产量是 12MW，2004 年为 50MW。而到 2005 年，产量猛增到 139MW，2006 年达到 400MW。2007 年，中国太阳能电池产量达到 1088MW，超过日本（920MW）和欧洲（1062.8MW），一跃成为世界太阳能电池的第一大生产国。同年，我国光伏组件产量也达到世界第一。2014 年，多晶硅、硅片、电池片与组件产量分别达到 13.2 万吨、38GW、33GW 与 35GW，均保持 25% 以上的增长率，占全球比重均超过 40%，硅片在全球市场占有率达到 73%，我国光伏产业规模全球首位的地位进一步巩固。

1.1.4　光伏并网逆变技术的发展

并网逆变器作为光伏电池与电网的接口装置，将光伏电池的电能转换成交流电能并传输到电网上，在光伏并网发电系统中起着至关重要的作用。现代逆变技术为光伏并网发电的发展提供了强有力的技术和理论支持。并网逆变器性能的改进对于提高系统的效率、可靠性，延长寿命、降低成本至关重要。

逆变器技术的发展始终与功率器件及其控制技术的发展紧密结合，从开始发展至今经历了五个阶段。第一阶段：20 世纪 50～60 年代，晶闸管 SCR 的诞生为正弦波逆变器的发展创造了条件；第二阶段：20 世纪 70 年代，可关断晶闸管 GTO 及双极型晶体管 BJT 的问世，使得逆变技术得到发展和应用；第三阶段：20 世纪 80 年代，功率场效应管、绝缘栅型晶体管、MOS 控制晶闸管等功率器件的诞生为逆变器向大容量方向发展奠定了基础；第四阶段：20 世纪 90 年代，微电子技术的发展使新近的控制技术如矢量控制技术、多电平变换技术、重复控制、模糊控制等技术在逆变领域得到了较好的应用，极大地促进了逆变器技术的发展；第五阶段：21 世纪初，随着电力电子技术、微电子技术和现代控制理论的进步不断改进，逆变技术正朝着高频化、高效率、高功率密度、高可靠性、智能化的方向发展。

包括光伏并网逆变器在内，我国光伏电池发电产业链也比较完善。但与发达国家相比，我国光伏产业在技术上还相差太远。从 20 世纪 80 年代起开始对光伏逆变器进行研究和开发，有专门的公司研究和开发生产并网逆变器。由于终端市场启动时间比较晚，国内光伏逆变器厂商普遍规模较小，结构、工艺、做工、转换效率、智能化程度、稳定性等指标与国外一流企业有一定的差距。近年来，在国外光伏市场和国内金太阳示范工程的带动下，以一度占据国内市场超过 60％的龙头企业合肥阳光电源公司为代表的一批光伏并网逆变器企业迅速发展起来，并已进入到欧洲市场及国外其他大功率市场。除合肥阳光外，在大功率电站型逆变器市场，主要还有北京科诺科技有限公司、特变电工股份有限公司等企业，这些企业的光伏逆变器技术和产量已经呈现逐年上升趋势。在中小功率组串型逆变器市场，华为公司凭借优势的技术资源和实力后来居上。成本高、交货周期长成为国外厂商进入国内市场的主要障碍，相反成本低，交货期短是国内企业抢占国际市场的优势。未来光伏市场的巨大空间将会给国内企业带来历史机遇。表 1-2 是国内主要的光伏并网逆变器企业排名情况。

表 1-2　国内光伏并网逆变器企业综合排名

排名	综合排名	电站型逆变器排名	组串型逆变器排名	排名	综合排名	电站型逆变器排名	组串型逆变器排名
1	阳光电源	阳光电源	华为	6	科士达	华为	阳光电源
2	变特电工	变特电工	山亿	7	科诺伟业	科诺伟业	变特电工
3	华为	南车	晶福源	8	正泰	正泰	固德威
4	南车	易事特	古瑞瓦特	9	山亿	高能	易事特
5	易事特	科士达	欧姆尼克	10	高能	山亿	中兴昆腾

1.1.5　分布式发电

光伏并网发电系统按其发电方式可分为：

① 集中式并网光伏系统，系统所发电力直接进入电网，但这种方式显然不能发挥太阳能分布广泛、地域广阔等特点。

② 分布式并网光伏系统，即户用型光伏并网系统，它可与建筑物结合形成屋顶光伏系统，通过设计可以降低建筑造价和光伏发电系统的造价。在分布式并网光伏系统中，白天不用的电量可以通过逆变器将这些电能出售给当地的公用电力网，夜晚需要用电时，再从电力网中购回。典型的户用型光伏并网发电系统如图 1-5 所示。

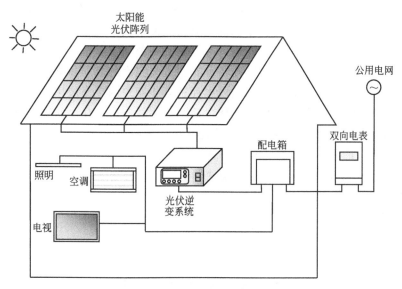

图 1-5　典型的户用型光伏并网发电系统

分布式发电（Distributed Generation，DG），又称分散式发电或分布式供能，至今对分布式发电没有统一的定义。一般是指将相对小型的发电装置（一般 50MW 以下）分散布置在用户负荷现场或用户附近的发电/供能方式。现代分布式发电系统除分散与小型化的特征以外，还具有实施热（冷）电联供、环境友好、燃料多元化以及网络化、智能化控制和信息化管理等特点。

不同的专家对分布式发电有不同的描述，但有两点是一致的，即小型与就地布置。按此"定义"，显然我国的"小机组"、"小火电"、"小热电"也可以属于分布式发电的范畴，但与现代分布式发电技术不在同一层面上，由于技术经济性能与环境性能不好，将逐渐被淘汰。由此可见，如果分布式光伏并网发电系统能够普遍地应用到用户家中，不但充分利用了太阳能资源分布广泛的特点，还可以达到改善电网质量、加强电网的调峰能力、抗灾害能力和延伸能力等目的。目前，对于分布式光伏并网发电系统的研究一方面是太阳能电池的研究，使电池每发出一瓦电的造价降低至可以实用的阶段；另一方面就是针对并网发电的逆变系统的研究，如提高系统的效率和稳定性，太阳能电池最大功率点的控制，系统对电网调峰作用等，最后组成分布式电站系统。

通过分布式发电和集中供电系统的配合应用有以下优点：

① 分布式发电系统中各电站相互独立，用户由于可以自行控制，不会发生大规模停电事故，所以安全可靠性比较高；

② 分布式发电可以弥补大电网安全稳定性的不足，在意外灾害发生时继续供电，已成为集中供电方式不可缺少的重要补充；

③ 可对区域电力的质量和性能进行实时监控，非常适合向农村、牧区、山区，发展中的中、小城市或商业区的居民供电，可大大减小环保压力；

④ 分布式发电的输配电损耗很低，甚至没有，无需建配电站，可降低或避免附加的输配电成本，同时土建和安装成本低；

⑤ 可以满足特殊场合的需求，如用于重要集会或庆典的（处于热备用状态的）移动分散式发电车；

⑥ 调峰性能好，操作简单，由于参与运行的系统少，启停快速，便于实现全自动。

太阳能光伏发电技术是基于可再生能源的分布式发电技术，它是利用半导体材料的光电效应直接将太阳能转换为电能。光伏发电具有不消耗燃料、不受地域限制、规模灵活、无污染、安全可靠、维护简单等优点。但是此种分布式发电技术的成本非常高，所以现阶段太阳能发电技术还需要进行技术改进，以降低成本而适合于用户的广泛应用。

分布式光伏并网发电系统装置除太阳能电池外，主要有以下几个研究重点及方向：

① 太阳能电池最大功率点跟踪问题，理论方法，控制实现；

② DC/DC 装置的研究，电路拓扑，控制方案；

③ DC/AC 逆变装置的研究，它包括逆变器电路拓扑的选择，相关的控制方式，控制方法的研究，是整个系统研究的核心；

④ 孤岛效应的检测方法和防治策略；

⑤ 双向电能测量装置的研制。

1.2 光伏并网逆变技术的研究热点

通常情况下并网逆变器按输出相数分为单相和三相两类，单相并网逆变器输出的功率小，一般不会超过 15kW，因此，适合中小功率并网发电系统，而三相方式则大多应用于大功率能量转换场合。若是按输出功率值来分，主要有微型逆变器、小功率逆变器、中功率逆变器和大功率逆变器这四类。目前技术最为成熟发展最快的是中功率并网逆变器，现已实现广泛应用。微型逆变器和大功率并网逆变器将获得更为广阔的市场前景。微逆变器多用于民用电器充电系统，而大功率光伏并网逆变器由于其具有大容量的电能输出，因此，非常适合光伏电站系统。随着光伏产业的快速发展，大容量、高效率、强可靠性的电网友好型逆变器将成为研究重点。

实现高效率低电流畸变率的逆变器，需要从以下的几个方面进行分析和研究。

1.2.1 新型逆变器拓扑结构

光伏并网逆变器根据功率级数可分为单级和两级式结构两种类型。单级式虽然结构简单，但是因为其控制对象多，并且这些对象之间相互耦合，所以造成了设计难度大的复杂情况，通过一个功率环节来实现最 MPPT（最大功率点跟踪）控制和逆变并网控制，所以效率高。两级式相比单级式效率较低，能够实现 MPPT 与并网单独控制，适用于光伏发电系统。

1.2.2 逆变器开关器件的驱动方式

通过控制逆变电路开关器件的通断，输出幅值相等而宽度不相等的连续脉冲的方式称为

PWM（脉冲宽度调制）控制方式，PWM 按照一定的规则对各个脉冲的宽度进行调节，实现控制逆变器的输出电压和输出功率的功能。在 PWM 控制方式中有一种频繁使用的方式，那就是正弦波 PWM（SPWM 方法）。人们又对 SPWM 技术进行了优化升级和功能完善，提出了各类新型 SPWM 方法，三角载波调制法应用最为广泛，SPWM 是正弦波 PWM 的基本类型，具有控制灵敏、响应速度快等特点。

1.2.3　电能质量控制方法

馈入电网的电流对电网的电能质量有很大的影响，其并网质量备受关注，因此控制逆变器输出电流波形在并网控制方式中尤为重要。PI 控制、滞环控制、双闭环控制、无差拍控制、重复控制、神经网络控制、模糊控制等应用较多，开发新控制方式和改进旧控制方式一直都在进行中。

1.2.4　MPPT

最大功率点跟踪就是控制光伏阵列输出的功率始终最大，有许多种控制方法能实现 MPPT，它们分别是固定电压法、扰动观察法、增加电导法、滞环比较法模糊控制、滑模控制等，虽然这些方法都能取得了一定的效果，但存在效率低的缺陷。目前的研究仍然集中在如何更好地实现 MPPT。

1.2.5　孤岛效应

当电网出现故障时，光伏并网发电系统仍与电网相连，继续为各个用户端提供电能，此系统出现自给供电而电力公司无法掌控的孤岛现象，称为孤岛效应。孤岛现象不仅会伤害检修人员，降低电网安全性，造成光伏发电系统的过载运行，而且会因逆变器输出电压和频率不稳定而损坏用电设备，甚至可能破坏整个光伏发电系统。

一般情况下，有主动式和被动式两种检测方式。断电瞬间，逆变器和电网的连接点也就是并网点的电压和频率会发生变化，通过判断有无变化的方式为被动式检测，但该方法存在检测盲区，因为当输出功率和负载实现功率平衡的特殊情况出现时，被动式检测就会失效。不能用于在电网停电瞬间，主动式检测克服了被动式的缺点，主动地给并网点的频率、输出电流等增加扰动信号，并对其进行检测，电网有对扰动更新的功能，检测信号是否经过了实时更新来判断孤岛的方式就是主动式检测，主动式检测在局部电网存在多个分布式能源系统时效果下降，甚至无效。因此现在孤岛效应检测方法的研究重点是性能可靠性高、检测速度快等方面。

第2章

光伏并网逆变技术

2.1 光伏并网逆变器概述

2.1.1 光伏发电系统构成

太阳能光伏发电系统一般由光伏电池方阵、汇流箱、直流配电柜、蓄电池组、电池充放电控制器、逆变器、交流配电柜、发电监控系统、太阳能跟踪系统、环境监测系统、防雷系统等设备组成。

逆变器是把直流电能转换为50Hz交流电能的变流装置，是光伏发电系统的核心设备之一。光伏电池板发出直流电一般需要通过逆变器转换为交流电，提供给交流负载或者并入交流电网。

根据功率输出目标的不同，逆变器可以分为离网型逆变器、并网型逆变器以及并离网型逆变器。离网型逆变器的交流输出不与电网连接，太阳能电池组件通过DC/DC直流变换器将发出的电能储存在蓄电池内，再通过离网逆变器将蓄电池内的直流电转换成幅值频率稳定的交流电给负载使用。如图2-1所示。

图 2-1 离网型光伏发电系统

并网型逆变器是将太阳能电池板发出来的直流电直接逆变成高压电馈入电网，蓄电池储能不是必要的中间环节。如图2-2所示。

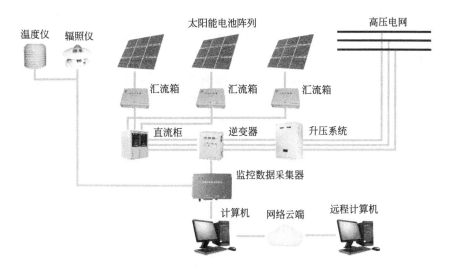

温度仪　辐照仪　　　　　太阳能电池阵列　　　　　　　　　高压电网

汇流箱　　汇流箱　　汇流箱

直流柜　　逆变器　　升压系统

监控数据采集器

计算机　网络云端　远程计算机

图 2-2　并网型光伏发电系统

　　并离网型逆变器则是既能够并网运行，也能够离网运行的逆变器，它主要适用于微电网系统，特别是户用光伏微电网系统。当外部电网出现故障时，内外电网断开，并离网逆变器立即由并网运行状态切换为离网运行状态，保证内部电网的稳定供电。当外部电网恢复以后，内外电网重新连通，并离网逆变器同时切换为并网运行状态。

2.1.2　光伏并网逆变器分类

　　并网逆变器有多种实现方案，主要分为电压型和电流型两大类。电压型并网逆变器方案比较普遍，这主要是因为电压型逆变器中储能元件是电容，它与电流型逆变器中储能元件电感相比，储能效率和储能器件体积、价格等方面都具有明显的优势，全控型功率器件的驱动控制比较简便，控制性能相对较好。光伏并网逆变器可以按照拓扑结构、隔离方式、输出相数、功率等级、功率流向以及光伏组串方式等进行分类。

　　按照拓扑结构分类，目前采用的拓扑结构包括：全桥逆变拓扑、半桥逆变拓扑、多电平逆变拓扑、推挽逆变拓扑、正激逆变拓扑、反激逆变拓扑等。其中高压大功率光伏并网逆变器可采用多电平逆变拓扑，中等功率光伏并网逆变器多采用全桥、半桥逆变拓扑，小功率光伏并网逆变器采用正激、反激逆变拓扑。

　　按照隔离方式分类它包括隔离式和非隔离式两类，其中隔离式并网逆变器又分为工频变压器隔离方式和高频变压器隔离方式，光伏并网逆变器发展之初多采用工频变压器隔离的方式，但由于其体积、重量、成本方面的明显缺陷，近年来高频变压器隔离方式的并网逆变器发展较快。非隔离式并网逆变器以其高效率、控制简单等优势也逐渐获得了认可，目前已经在欧洲开始推广应用，但需要解决可靠性、共模电流等关键问题。

　　按照输出相数可以分为单相和三相并网逆变器两类，中小功率场合一般多采用单相方式，大功率场合多采用三相并网逆变器。按照功率等级进行分类，可分为功率小于 1kVA 的小功率并网逆变器，功率等级 1~50kVA 的中等功率并网逆变器和 50kVA 以上的大功率并网逆变器。从光伏并网逆变器发展至今，发展最为成熟的属于中等功率的并网逆变器，目前已经实现商业化批量生产，技术趋于成熟。光伏并网逆变器未来的发展将是小功率微逆变器即光伏模块集成逆变器和大功率并网逆变器两个方向并行。微逆变器在光伏建筑集成发电系统、城市居民发电系统、中小规模光伏电站中有其独特的优势，大功率光伏并网逆变器在大规模光伏电站，如沙漠光伏电站等系统具有明显优势。

按照功率流向进行分类，它分为单方向功率流并网逆变器和双方向功率流并网逆变器两类。单向功率流并网逆变器仅用作并网发电，双向功率流并网逆变器除可用作并网发电外，还能用作整流器，改善电网电压质量和负载功率因数，近几年双向功率流并网逆变器开始获得关注，它是未来的发展方向之一。未来的光伏并网逆变器将集并网发电、无功补偿、有源滤波等功能于一身，在白天有阳光时实现并网发电，夜晚用电时实现无功补偿、有源滤波等功能。

光伏并网逆变器按照光伏板组合方式的不同可以分为组串式逆变器、集中式逆变器和微型逆变器，这是应用领域中最为常用的分类方式。

2.1.2.1 组串逆变器

组串逆变器正在成为国际市场上最流行的逆变器。它是基于模块化概念的设计，多片光伏电池板根据逆变器额定输入电压要求串联成一个组串，通过一台逆变器并联入电网，逆变器在直流端进行最大功率峰值跟踪。也有允许多个组串接入并进行多路 MPPT 跟踪控制的组串式逆变器，其功率容量约为 1～50kW，它们通常是用于光伏建筑 BIPV（Building Integrated Photovoltaic）、BAPV（Building Attached Photovoltaic）或者屋顶电站（Roof Plant）等光伏系统中，因而也称作户用型或商用型光伏逆变器。

组串式逆变器特别适合应用于分布式发电系统中，以常见的多晶硅电池板 250W 为例，单组串可以从 3 块电池板到 23 块电池板，组合起来非常灵活，对于不规则的建筑屋顶也能有比较优化的方案。组串式光伏逆变器的优点在于每个组串都有独立的 MPPT，相互之间没有影响，这避免了组串之间的不平衡，或者阴影遮挡对系统的影响。组串式逆变器另外的一个优点就是直流输入范围比较宽，这样能够延长发电时间增加发电量。最近两年用组串式逆变器设计兆瓦级的光伏电站的案例也在逐渐增多，组串式逆变器在大的发电站上应用也是具有一定优势的。

根据并入电网的情况，组串式逆变器又可以分为组串式单相逆变器和组串式三相逆变器。一般组串式逆变器都是直接并入工业或者民用电网的。单相逆变器主要应用于单相电入户的民用屋顶和商业屋顶，单机功率一般在 1～5kW。三相逆变器主要应用于商业和工业屋顶，单机功率一般在 6～30kW。

2.1.2.2 集中式逆变器

集中式逆变器一般用于日照均匀的大型厂房、荒漠电站、地面电站等大型发电系统中，系统总功率大，一般是 100kW～1MW 以上。多路光伏组串并行连接到汇流箱，然后接入一台集中式逆变器的直流输入端并网发电，它具有如下的优点：

① 逆变器集成度高，功率密度大，成本低；
② 逆变器元器件数量少，可靠性高；
③ 逆变器数量少，便于管理；
④ 谐波含量少，直流分量少，电能质量高；
⑤ 逆变器各种保护功能齐全，电站安全性高；
⑥ 有功率因数调节功能和低电压穿越功能，电网调节性好。

但由于并联的组串较多，光伏组件特性匹配有差别或部分遮影的影响，导致各组串最大功率点跟踪（MPPT）特性不一致，因此光伏系统的效率低。它需要专用机房和空调设施，自身功耗较大，维护工作量大。同时，某一光伏单元组工作状态不良会导致整个光伏系统的发电可靠性受到影响。单台逆变器功率较大，一旦出现故障，没有冗余措施，对电网影响较大。出于可靠性和效率优化等方面的考虑，一些大型光伏电厂也在使用组串式逆变器。其优点是不受组串间模块差异和遮影的影响，同时减少了光伏组件最佳点与逆变器不匹配的情况，从而增加了发电量。技术上的优势不仅降低了系统成本，也增加了系统的可靠性。同时，在组串间引入"主-从"的概念，使得系统在单个组串电能不能使单个逆变器工作的情况下，将几组光伏组串联系在一起，让其中一个或几个工作，从而产出更多的电能。

2.1.2.3　微型并网逆变器

微型并网逆变器是将单块光伏电池板的直流电直接升压、逆变及并入电网的变流装置，一般功率容量小于 1000W，因此称为微型逆变器。它具有组件级最大功率点跟踪能力，可以集成在光伏电池板组件上，作为单块光伏板与电网之间的适配器，这使得光伏发电系统可以即插即用，甚至不需要专业技术人员来进行运行维护。在规模并网应用时需要通过通信功能，协调控制各个模块，监视各个模块的状态，并检测出故障模块。微型逆变器有上述优点，但其单位功率成本较高，不适合大规模光伏电场的使用。

三种并网逆变器具有各自的优点和缺点，均有各自适合的应用场合，需要根据实际应用场合进行选择，也可以组合应用优化效率。

2.2　并网逆变器的拓扑结构

2.2.1　组串式逆变器的拓扑

组串式并网逆变器一般有无变压器非隔离型、工频变压器隔离型、高频隔离型等类型。常用的拓扑有以下几种。

（1）单相带 Boost 升压并网逆变器

这种并网逆变电路前级用 Boost 电路进行升压，同时对光伏电池板输出进行最大功率点跟踪控制，后级采用全桥逆变电路。升压电路的引入扩展了并网逆变器的工作电压范围，增加了光伏系统的发电时间。升压部分限制了功率的容量，因而适用于小功率系统。为了改善多组串并联接入的 MPPT 问题，有的逆变器扩展了多组 Boost 升压装置，这样可以实现多个组串分别进行 MPPT 跟踪，同时也可降低了升压电感和开关器件的容量要求。如图 2-3 所示。

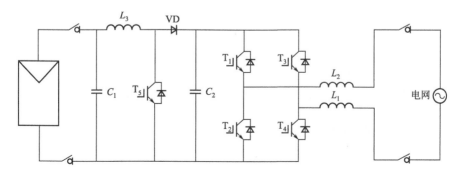

图 2-3　单相带 Boost 升压并网逆变器

(2) 单相高频隔离型并网逆变器

高频隔离的拓扑结构具有效率高、体积小、重量轻及不需要工频变压器隔离等特点，适用于单相小功率光伏发电系统。如图 2-4 所示。

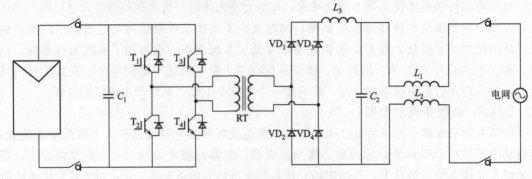

图 2-4　高频隔离型并网逆变器

(3) 三相带 Boost 升压两电平并网逆变器

这种拓扑结构适用于功率较大，需要三相平衡并网的场合。拓扑结构图如图 2-5 所示。

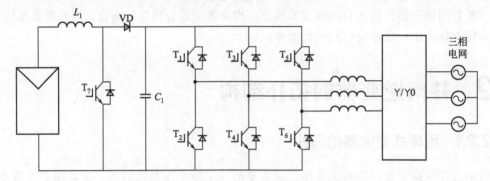

图 2-5　三相带 Boost 升压并网逆变器

(4) 三电平并网逆变器

三相三电平并网拓扑结构具有输出电压谐波含量小、du/dt 小及电磁辐射小等优点，适用于高压大功率场合。如图 2-6 所示。

2.2.2　集中式逆变器的拓扑

集中式逆变器一般不包括 DC/DC 部分，直流侧多串电池经汇流箱汇流后接入逆变器经逆变桥逆变成交流电馈入电网。如图 2-7 所示。目前市场上主流的集中式逆变器一般采用两电平的拓扑结构，为了提高直流电压的利用率，一般会降低交流电压的等级，常规的做法是采用线电压 270V，经升压变压器升到 10kV 及以上的高压之后接入输电线路。集中式逆变器也有三电平结构，拓扑与组串式三电平基本是一致的。目前市场上还有一种把 DC/DC 部分放到汇流部分的拓扑结构，它能够实现 MPPT 功能，避免了组串之间不平衡造成的能量损失。

2.2.3　微型逆变器的拓扑

(1) 反激式

逆变器的前级和后级分别为反激式 DC/DC 变换器和全桥型电压源逆变器。其交流输出

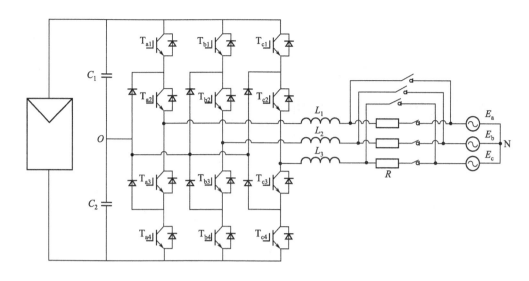

图 2-6　三相三电平并网逆变器

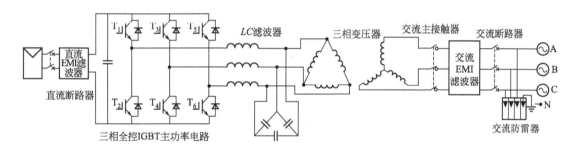

图 2-7　集中式并网逆变器的拓扑结构

的电压要高于电网的峰值电压，可以实现 CCM 模式的工作，这样可以减小损耗、提高逆变效率。拓扑结构如图 2-8 所示。

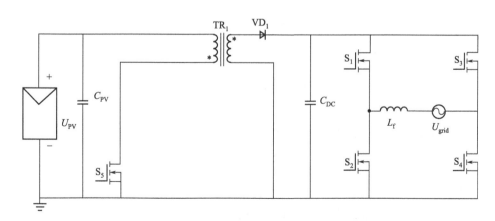

图 2-8　反激式微型并网逆变器

（2）推挽式

推挽结构有利于充分利用变压器铁芯，具有更高的功率密度，但不易实现软开关控制。拓扑结构如图 2-9 所示。

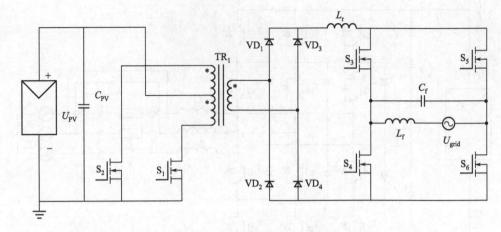

图 2-9　推挽式微型并网逆变器

(3) 串联谐振式

该结构具有完整的全桥逆变功能和 LC 谐振功能，促进了效率的提升。如图 2-10 所示。

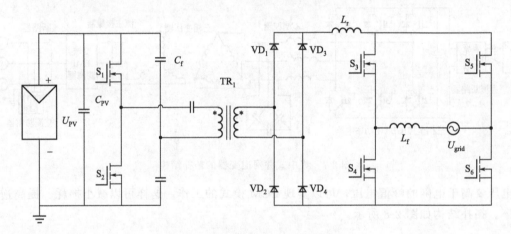

图 2-10　串联谐振式微型并网逆变器

2.3　组串式单相逆变器的设计

2.3.1　组串式单相逆变器软件设计

单相逆变器的软件部分设计主要分为以下几个部分：首先给出单相逆变器的等效数学模型，其次介绍基于该模型的逆变器控制部分的软件设计，紧接着是调制部分的选择，最后结合仿真结果对控制系统软件的设计做一个整体的介绍。

2.3.1.1　单相逆变器的数学模型

单相逆变器的拓扑结构如图 2-11 所示，逆变桥通过 $L_1 L_2 C$ 组成的滤波器和电网连接，逆变器工作时电流方向由逆变桥流向电网如图中的 I_1 所示，高频电流部分 I_2 经电容 C 流回逆变桥。所以逆变器工作的电压电流矢量如图 2-12 所示。

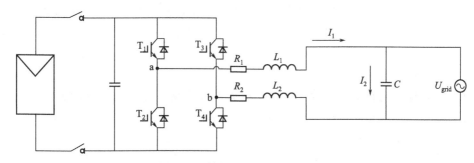

图 2-11　单相逆变器的拓扑结构

矢量关系：

$$\dot{U}_{ab}=(R_1+R_2)(\dot{I}_1+\dot{I}_2)+j\omega(L_1+L_2)(\dot{I}_1+\dot{I}_2)+\dot{U}_{grid} \tag{2-1}$$

在设计电路时一般 $L_1=L_2=L$，I_1 的值要远大于 I_2，$R_1=R_2=R$ 且都很小，上式可以简化为：

$$\dot{U}_{ab}=2R\dot{I}_1+2j\omega L\dot{I}_1+\dot{U}_{grid} \tag{2-2}$$

由逆变器工作的矢量关系可以看出，只要改变逆变桥输出电压 U_{ab} 的幅值和相位就可以控制并网电流的幅值和相位。

将矢量关系转换到时域中可以得到逆变器在时域中的数学模型：

图 2-12　逆变器的工作的电压电流矢量图

$$U_{ab}=2RI+L\frac{di}{dt}+U_{grid} \tag{2-3}$$

2.3.1.2　单相逆变器的控制方法设计

单相逆变器的控制一般采用双环的控制结构，外环为电压环，内环为电流环。其中电压环的输出作为内环的给定，在实际应用中根据逆变器输入电压的不同，配合 MPPT 电压环的给定也不同。并网逆变器控制的目标是向电网输送的电流质量尽量高，满足相关标准的同时对电网的畸变有改善的作用，所以电流环的设计相对比较重要。本书选择了 PI 控制、电压前馈控制和重复控制相结合的控制策略设计了控制器，控制框图如图 2-13 所示。

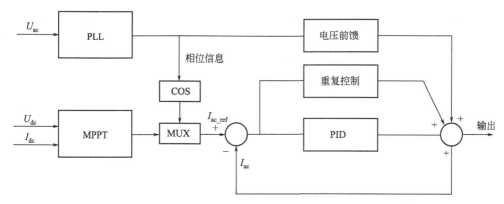

图 2-13　单相逆变器控制框图

(1) 电流前馈部分的设计

实验测得只利用并网电流的 PID 调节并网电流并不能很好地跟踪上电流指令值，并且电流与电网电压之间有一个相位差，PID 的调节能力是有一定限度的。因此需要引入电流前馈调节。电流前馈环节分为电流前馈幅值调节和电流前馈相位调节，即利用实时采样的并网电流信号，分析它与电压的相位差及与电流指令值的幅值差，产生一个补偿信号作用于 PWM 调制波从而抵消与电流指令值之间的差异。前馈环节在并网全过程中始终作用。

（2）重复控制部分的设计

由于死区，驱动电路的不对称，电网电压周期性扰动等非线性因素的影响，单纯的 PI 调节器很难满足并网电流总畸变率（THD）的要求。为了减小周期性扰动的影响，引入了重复控制。实验表明加入重复控制后 THD 能降低 1～3 个百分点，在低功率段效果更明显。

基于内模原理的重复控制能够有效地消除并网电流的指令误差和扰动误差，提供高质量的稳态波形。内模原理指出，若要一个控制系统具有良好的跟踪指令和消除扰动误差的能力，则在反馈控制系统中必须包括一个描述外部输入信号动力学特性的模型，这个模型就是内模。如图 2-14 所示，重复控制单元主要由两部分构成：重复信号发生器、辅助补偿器。重复信号发生器产生周期性参考信号，其中 $Q(z)$ 为一阶低通滤波器，一般取为小于 1 的常数。辅助补偿器是为了提供相位补偿和幅值补偿，增加系统的稳定裕度。一般取 $C(z)=K_r Z^k S(z)$，K_r 为控制增益，取小于 1 的常数，Z^k 补偿逆变器本身及 $S(z)$ 引起的相位滞后。$S(z)$ 设计为二阶滤波器，用于衰减高频段，减小谐振峰值。

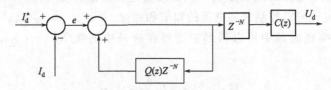

图 2-14　重复控制结构图

2.3.1.3　单相逆变器的调制方法

单相逆变器一般采用 SPWM 调制方式。SPWM 调制又可以分为单极性调制、双极性调制。调制方式的选择对驱动电路的设计、滤波器的设计、逆变系统的效率、电流畸变率，以及系统的漏电流都有影响。下面对常用的两种模式做一下简单的介绍，根据不同的应用环境可以分别选择。

（1）单极性调制

单极性调制的概念以及谐波分析此处不再讨论。调制就是调制波和载波的一个比较，通过比较结果控制 PWM 占空比。在数字控制器中载波可以通过定时器很容易实现，调制波的选择有以下几种方式，通过对图 2-15 中单相逆变桥开关器件的控制来说明。图 2-16 所示为单相逆变桥波形。

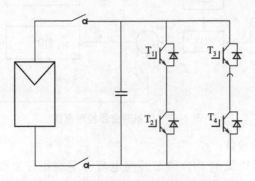

图 2-15　单相逆变桥开关器件的控制

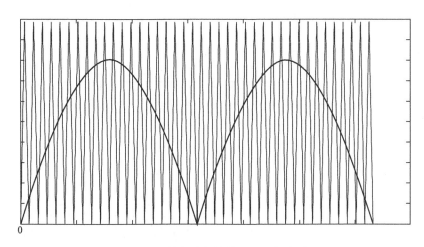

图 2-16　单相逆变桥单极性调制波形

如图 2-16 所示，单极性调制波和载波都为正，在逆变过程中控制回路要有换向的逻辑，在实际的应用中为减小开关损耗提高逆变的转换效率四个开关管中一般有一个或者两个工作在高频的调制开关状态，其他的开关管工作在工频的开关状态，一般应用的有以下两种，图 2-17 及图 2-18 中驱动的顺序依次为 T_1—T_3—T_2—T_4。

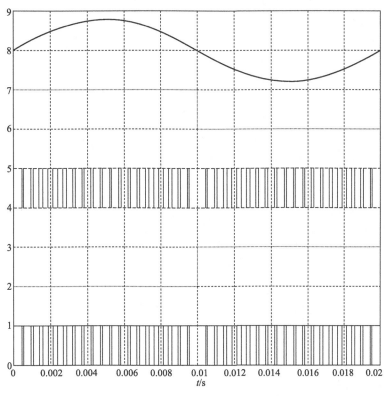

图 2-17　单极性调制的开关状态 1

从驱动波形上可以看出第二种开关状态管子的开关次数更少，大部分时间只有一个管子在开关动作，因此这种方式的开关损耗是最小的，但是在开环状态下这种调制由于半周始终在为滤波电容充电，测试到的波形接近方波，只有加一定负载时才能得到正弦波。在离网型

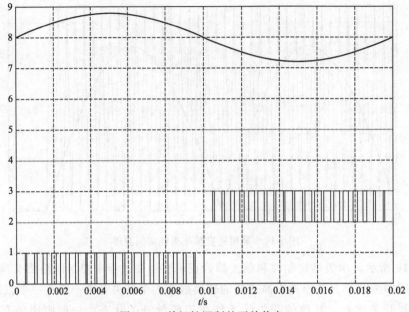

图 2-18　单极性调制的开关状态 2

的逆变器中一般选择第一种调制模式比较多。

（2）双极性调制

双极性调制模式中四个开关管都工作在高频开关状态，同一桥臂的两个管子之间是互补的，对角的两个管子可以是相同的驱动，也可以是相位差 180°的调制波和载波比较产生的两个不同的驱动。两种模式的调制波如图 2-19 和图 2-20 所示。

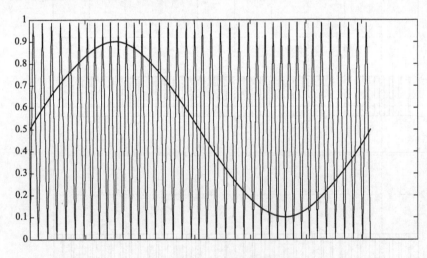

图 2-19　双极性调制波 1

2.3.1.4　数字仿真

基于以上控制策略搭建了如图 2-21 的 SIMULINK 仿真模型，其波形图如图 2-22 所示。

2.3.2　单相逆变器的硬件设计

组串式单相并网逆变器的硬件设计分三部分介绍，分别是采样电路、驱动电路和锁相电路。

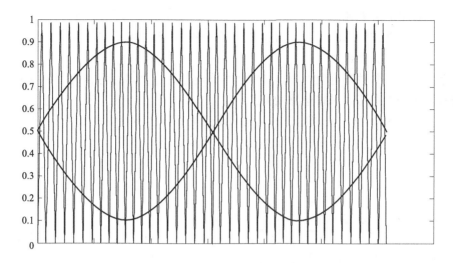

图 2-20　双极性调制波 2

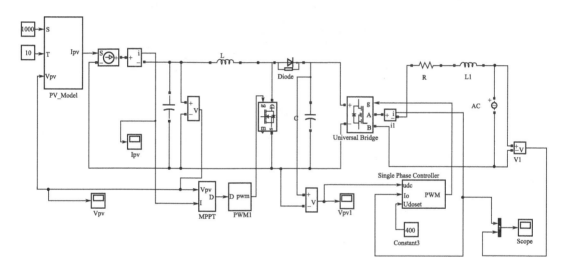

图 2-21　单相逆变器控制系统仿真模型

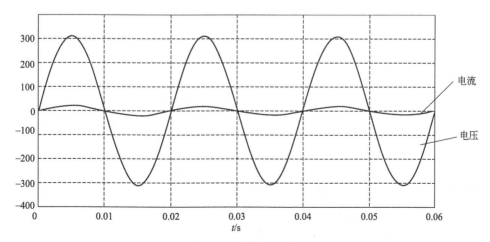

图 2-22　电压电流波形

2.3.2.1 采样电路设计

组串式单相并网逆变器的采样电路包括电压采样电路和电流采样电路。

(1) 电压采样电路设计

需要采集的电压参数有电网电压、逆变器输出电压和直流母线电压，其中电网电压和逆变器输出电压为交流电压，采集电路相同。

① 交流电压采集电路　交流电压的采集采用的电压传感器模块型号为 LV25-P，以电网电压采集电路为例，交流电压采集电路如图 2-23 所示。

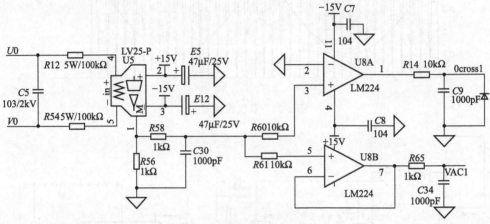

图 2-23　交流电压采集电路

交流电压采集电路中，$U0$、$V0$ 为电网电压输入端，电网电压经过并联电容和串联电阻后作为电压传感器 LV25-P 的输入，LV25-P 的输出端经过比较电路输出 VAC1，VAC1 为电压幅值减小的正弦波，VAC1 需要经过如图 2-24 所示 A/D 采样电路输入到 DSP 中。

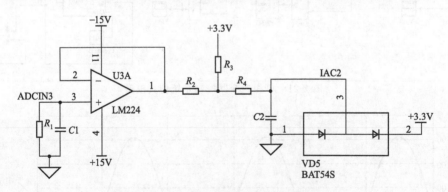

图 2-24　交流信号 A/D 采样电路

为了保证进入 DSP 中的信号为正，对于交流信号，需要加入一定幅值的上拉电压，将交流信号都转换为符合 DSP 要求的正值信号，然后在程序中对采集到的信号进行处理，将信号还原。在图 2-24 中的 A/D 采样电路中，在电阻 R_3 的一端增加＋3.3V 的上拉电压，将采集到的交流电压转换为符合 DSP 要求的正值信号。

② 直流母线电压采集电路　直流母线电压采集电路如图 2-25 所示。

在直流母线电压采集电路中，DCH 为直流母线电压，经过 $R22$、$R78$ 和 $R79$ 组成的分压电路输出幅值较低的直流电压 DCH-1，考虑到直流侧电压为 400V 左右，并且加在 DSP

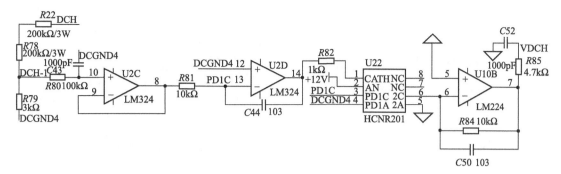

图 2-25 直流母线电压采集电路

引脚的电压最高为 +3.3V，因此 $R22$ 和 $R78$ 的阻值选定为 200kΩ，$R79$ 的阻值选定为 3kΩ。DCH-1 经过运算放大器 LM324 和光耦 HCNR201 后，输出电压 VDCH。VDCH 需要经过如图 2-26 所示 A/D 采样电路输入到 DSP 中。

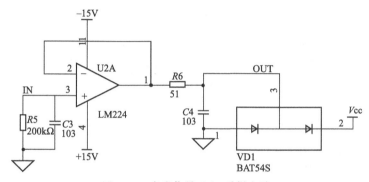

图 2-26 直流信号 A/D 采样电路

因为直流信号均为正值，所以直流信号 A/D 采样电路和交流信号 A/D 采样电路的区别在于，直流信号 A/D 采样电路没有上拉电压。

（2）电流采样电路设计

系统中需要采集电网电流和负载电流，采用的电流传感器型号为 HKC100BR，输出的电流信号经跟随电路输出，再经过控制板上的采样电路输入到 DSP 中。电流采集电路如图 2-27 所示。

图 2-27 中，$Hall1$ 为电流传感器的输出，I_{AC1} 需经过交流信号 A/D 采样电路输入到 DSP 中。

2.3.2.2 驱动电路设计

组串式单相并网逆变器的逆变模块使用的是智能功率模块 IPM，它是由 IGBT 和外围电路集合起来的模块，它体积小，并且有外围保护电路。经过选择和分析，采用的是三菱智能功率模块 PM50RLA120 作为逆变器的功率模块，最大电流 50A，电压为 1200V，这可以满足逆变器升压和逆变的要求。

在单相逆变中，需要四路 PWM 来驱动 IPM 进行逆变，设定四路 PWM 驱动信号分别为 U_P、U_N、V_P 和 V_N，以 U_P 信号为例，其硬件电路如图 2-28 所示。

图 2-28 中，PWM7 和 PWM8 为 DSP 输出的 PWM 波，光耦型号为 6N137，$DCV_{cc}1$ 为 +15V，U_P 是输出幅值为 +15V 的 PWM 信号。

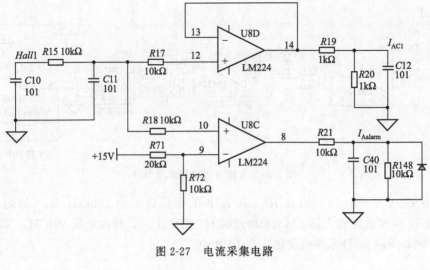

图 2-27　电流采集电路

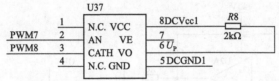

图 2-28　U_P 信号硬件电路

2.3.2.3　锁相电路设计

组串式单相并网逆变器需要对外电网电压进行锁相,锁相控制是首先通过数学方法计算出逆变器输出电压和电网的相位差,再根据该相位差对逆变器输出电压的频率进行调节。

通过过零检测电路来检测逆变器输出电压的相位,其中过零检测电路是由过零比较器来实现的。正弦波过零检测电路波形示意图如图 2-29 所示。实现过程如下:正弦交流电通过过零检测电路后输出方波信号,并将方波信号的上升沿或下降沿设置为正弦交流电的过零点,然后使用 DSP 微处理器捕捉该上升沿或下降沿来获取正弦交流电的过零点,从而来确定电压相位。

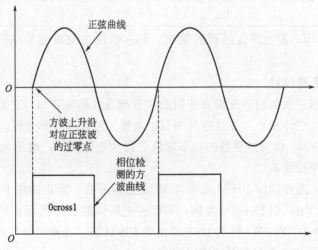

图 2-29　正弦波过零检测电路波形示意图

过零检测电路如图 2-29 所示。图中，首先对外电网电压进行采样，采集到的外电网信号经过比较电路后输出方波，将方波信号的上升沿或下降沿设置为正弦交流电的过零点，其中，0cross1 为输出的方波信号。

2.3.2.4 实验结果分析

实验室样机参数：滤波电感 3mH，电容 $2\mu F$，直流母线电容 $2000\mu F$，载波频率 20kHz。实验采用前述单极性调制方式的第二种方法。上桥臂施加工频触发信号，下桥臂通以高频 PWM 信号。T_1 和 T_4 的驱动波形如图 2-30 所示。

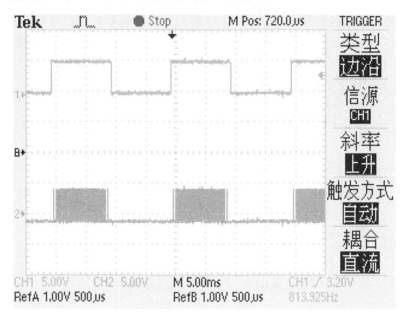

图 2-30　T_1、T_4 驱动波形

并网后电流波形和锁相信号波形如图 2-31 中的 CH1 和 CH2 所示。由图中可知，它实现了电流总畸变率小于 2% 的设计目标。测试发现加入重复控制后在低功率段电流波形质量明显改善。

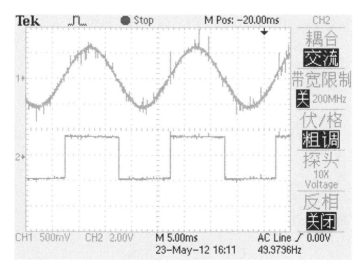

图 2-31　并网电流波形和锁相信号

2.4 组串式三相逆变器的设计

2.4.1 组串式三相逆变器软件设计

组串式三相逆变器软件的设计对于两电平和三电平的区别主要是在于调制部分，三电平由于引入了中点，因此存在中点点位控制的问题。本节首先给出三相逆变器的数学模型和解耦模型，其次根据解耦后的模型分别在 d、q 轴上设计控制器，控制思路等同于单相逆变器，然后介绍一下三相软件锁相的实现，对调制部分做详细的介绍，最后根据仿真结果对整个控制系统做一下分析。

(1) ABC 三相静止坐标系上的数学模型

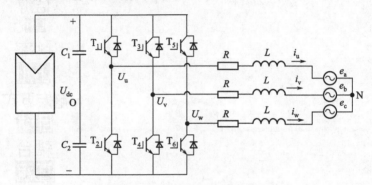

图 2-32 三相逆变器主电路图

图 2-32 中，U_u、U_v、U_w 分别为逆变器的三相输出电压；i_u、i_v、i_w 分别为三相输出电流；C_1 为直流母线电容；主电路中的 L 为每相出线电抗器的电感，设电感值均产 L；R 是电感电阻和功率器件损耗的等效电阻 R_s 的和。设图 2-32 中主功率器件为理想开关，三相静止坐标系中逆变器与电网间的数学描述为：

$$\begin{cases} L\dfrac{\mathrm{d}i_u}{\mathrm{d}t}=\dfrac{U_{dc}}{2}\cdot S_u-e_a-Ri_u-U_{NO} \\[2mm] L\dfrac{\mathrm{d}i_v}{\mathrm{d}t}=\dfrac{U_{dc}}{2}\cdot S_v-e_b-Ri_v-U_{NO} \\[2mm] L\dfrac{\mathrm{d}i_w}{\mathrm{d}t}=\dfrac{U_{dc}}{2}\cdot S_w-e_c-Ri_w-U_{NO} \end{cases} \tag{2-4}$$

式中，S_u、S_v、S_w 分别为逆变器主电路中三个桥臂的开关函数。考虑逆变器中一般采用三相三线制的接线方式，且三相电网电压平衡时，根据基尔霍夫电流定律可知，交流侧三相电流之和为零，即：

$$e_a+e_b+e_c=0 \qquad i_u+i_v+i_w=0 \tag{2-5}$$

联立式(2-4) 和式(2-5) 可得

$$U_{NO}=\frac{U_{dc}}{3}\sum_{k=u,v,w}S_k \tag{2-6}$$

再带到式(2-6) 中得

$$\begin{cases} L\dfrac{\mathrm{d}i_{\mathrm{u}}}{\mathrm{d}t}=\dfrac{U_{\mathrm{dc}}}{2}\cdot\left(S_{\mathrm{u}}-\dfrac{1}{3}\sum_{k=\mathrm{u,v,w}}S_k\right)-e_{\mathrm{a}}-Ri_{\mathrm{a}} \\[3mm] L\dfrac{\mathrm{d}i_{\mathrm{v}}}{\mathrm{d}t}=\dfrac{U_{\mathrm{dc}}}{2}\cdot\left(S_{\mathrm{v}}-\dfrac{1}{3}\sum_{k=\mathrm{u,v,w}}S_k\right)-e_{\mathrm{b}}-Ri_{\mathrm{b}} \\[3mm] L\dfrac{\mathrm{d}i_{\mathrm{w}}}{\mathrm{d}t}=\dfrac{U_{\mathrm{dc}}}{2}\cdot\left(S_{\mathrm{w}}-\dfrac{1}{3}\sum_{k=\mathrm{u,v,w}}S_k\right)-e_{\mathrm{c}}-Ri_{\mathrm{c}} \end{cases}\qquad(2\text{-}7)$$

(2) 同步旋转 d-q 坐标系中逆变器的数学模型

由以上的分析可知，光伏并网逆变器在三相静止坐标系下的数学模型是多个变量相互耦合且随着时间变化的，这和交流电机调速的数学模型十分相似，因此可以借鉴坐标变换的思想实现变量间的解耦合控制策略的简化。如图 2-33 所示，通过把三相坐标系下逆变器的数学模型经过两相静止 α-β 坐标系和两相旋转 d-q 坐标系的等效变换，并定向于三相合成电压矢量，实现多变量的解耦合简化，以便于能够单独控制逆变器的有功和无功功率。

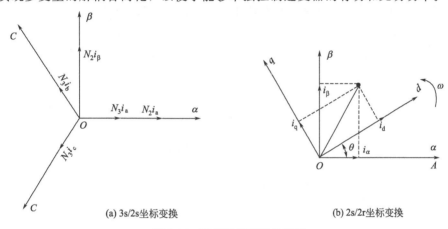

(a) 3s/2s坐标变换   (b) 2s/2r坐标变换

图 2-33　两相坐标变换矢量图

① 三相和两相静止正交坐标系的变换　此处为保持功率不变约束条件下的变换矩阵

$$\boldsymbol{C}_{3\mathrm{s}/2\mathrm{s}}=\sqrt{\dfrac{2}{3}}\begin{bmatrix} 1 & -\dfrac{1}{2} & -\dfrac{1}{2} \\[2mm] 0 & \dfrac{\sqrt{3}}{2} & -\dfrac{\sqrt{3}}{2} \\[2mm] \dfrac{1}{\sqrt{2}} & \dfrac{1}{\sqrt{2}} & \dfrac{1}{\sqrt{2}} \end{bmatrix}\qquad \boldsymbol{C}_{2\mathrm{s}/3\mathrm{s}}=\sqrt{\dfrac{2}{3}}\begin{bmatrix} 1 & 0 & \dfrac{1}{\sqrt{2}} \\[2mm] -\dfrac{1}{2} & \dfrac{\sqrt{3}}{2} & \dfrac{1}{\sqrt{2}} \\[2mm] -\dfrac{1}{2} & -\dfrac{\sqrt{3}}{2} & \dfrac{1}{\sqrt{2}} \end{bmatrix}$$

② 静止两相和旋转正交坐标系的变换。

$$\boldsymbol{C}_{2\mathrm{s}/2\mathrm{r}}=\sqrt{\dfrac{2}{3}}\begin{bmatrix} \cos\varphi & \sin\varphi \\ -\sin\varphi & \cos\varphi \end{bmatrix}\qquad \boldsymbol{C}_{2\mathrm{r}/2\mathrm{s}}=\sqrt{\dfrac{2}{3}}\begin{bmatrix} \cos\varphi & -\sin\varphi \\ \sin\varphi & \cos\varphi \end{bmatrix}$$

③ 三相静止到两相旋转坐标系的变换。

$$\boldsymbol{C}_{3\mathrm{s}/2\mathrm{r}}=\sqrt{\dfrac{2}{3}}\begin{bmatrix} \cos\theta & \cos(\theta-120°) & \cos(\theta+120°) \\[2mm] -\sin\theta & \sin(\theta-120°) & -\sin(\theta+120°) \\[2mm] \dfrac{1}{\sqrt{2}} & \dfrac{1}{\sqrt{2}} & \dfrac{1}{\sqrt{2}} \end{bmatrix}$$

$$C_{2r/3s}=\sqrt{\frac{2}{3}}\begin{bmatrix} \cos\theta & -\sin\theta & \dfrac{1}{\sqrt{2}} \\[2mm] \cos(\theta-120°) & -\sin(\theta-120°) & \dfrac{1}{\sqrt{2}} \\[2mm] \cos(\theta+120°) & -\sin(\theta+120°) & \dfrac{1}{\sqrt{2}} \end{bmatrix}$$

根据功率等效坐标变换对式(2-7)进行简化，把逆变器从三相坐标系下转换到两相旋转坐标系下，其数学模型为：

$$\begin{cases} e_d=-Ri_d-L\dfrac{di_d}{dt}+\omega_1Li_q+u_d \\[3mm] e_q=-Ri_q-L\dfrac{di_q}{dt}-\omega_1Li_d+u_q \end{cases} \tag{2-8}$$

由式(2-8)可以看出，光伏逆变器在两相动态 d-q 坐标系中明显比三相静止坐标系下变量减少，耦合减弱，但电流之间仍存在小的耦合。为了实现 d-q 轴的解耦控制以及减小电网波动对电流闭环系统的影响，通常可以采用图 2-34 的控制策略。

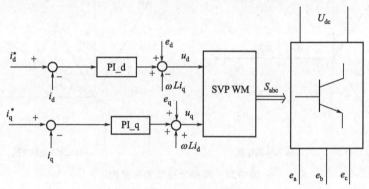

图 2-34 d-q 解耦控制策略

其中 u_d，u_q 的公式如下：

$$\begin{cases} u_d=\left(k_{ip}+\dfrac{k_{il}}{s}\right)(i_d^*-i_d)+e_d-\omega Li_q \\[3mm] u_q=\left(k_{ip}+\dfrac{k_{il}}{s}\right)(i_q^*-i_q)+e_q+\omega Li_d \end{cases} \tag{2-9}$$

通过把式(2-8)代入式(2-9)中可得

$$\begin{cases} \dfrac{di_d}{dt}=\dfrac{\left[R-\left(k_{ip}+\dfrac{k_{il}}{s}\right)(i_d^*-i_d)\right]}{L}i_d+\dfrac{\left(k_{ip}+\dfrac{k_{il}}{s}\right)}{L}i_d^* \\[5mm] \dfrac{di_q}{dt}=\dfrac{\left[R-\left(k_{ip}+\dfrac{k_{il}}{s}\right)(i_d^*-i_d)\right]}{L}i_q+\dfrac{\left(k_{ip}+\dfrac{k_{il}}{s}\right)}{L}i_q^* \end{cases} \tag{2-10}$$

由式(2-10)可知此种控制策略实现了 d、q 间的解耦。

2.4.2 三相光伏并网逆变控制系统

三相光伏并网逆变系统的控制结构图如图 2-35 所示。该控制系统主要有三部分：电流

PI 调节器、电压前馈、重复控制单元。

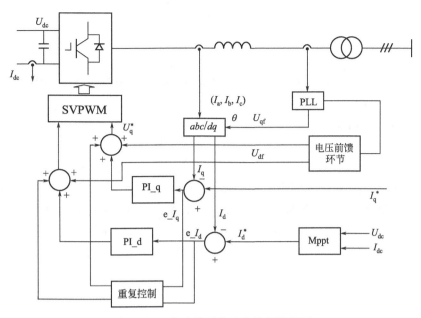

图 2-35　三相光伏逆变系统控制结构图

　　为了实现三相电流的解耦，需要将三相静止 ABC 坐标系下的电流 I_a、I_b、I_c 变换到两相同步旋转 d-q 坐标系下。静止 ABC 坐标系与同步旋转 d-q 坐标系间的关系如图 2-33 所示。

　　在不考虑电网不平衡的情况下，d-q 坐标系的 d 轴按三相电压合成电压矢量 u_{grid} 定向，这样就需要对三相合成电压矢量进行同步和跟踪。这里采用一种简单的锁相方法：通过硬件电路捕捉线电压 U_{ab}，U_{bc} 的过零点，通过两个过零点的前后关系确定电网合成电压的旋转方向，并在 U_a 相电压达到峰值时进行定向。在以后的一个周期内，d 轴和 A 轴之间的夹角 θ 以电网同步角速度 ω 递增，如图 2-36 所示。该方法避免了除法运算和求反正切的运算，节约了处理器资源。

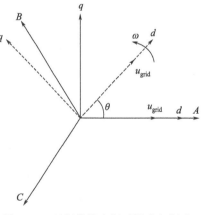

图 2-36　两相旋转坐标系同步与跟踪

（1）PI 调节器设计

　　经过 3s/2r 的变换三相交流分量变成了两相直流分量，以便于 PI 调节器的设计和控制。锁相环将电压空间合成矢量定向在 d 轴上，磁链合成矢量定向在 q 轴上。这样就实现了功率的解耦，这可以实现有功和无功的独立调节，d 轴为有功分量，q 轴为无功分量。控制的目标在于实现采样电流 I_d，I_q 对指令电流 I_d^*，I_q^* 的跟踪，使电流稳态误差接近于 0。图 2-37 所示为 d 轴的控制框图。

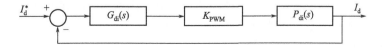

图 2-37　d 轴 PI 调节器控制框图

其中：

$$G_{di}(s)=\frac{K_p S+K_i}{S}$$

$$P_{di}(s)=\frac{1}{LS+R}$$

由于开关频率远高于电网频率，为了分析方便忽略开关动作对系统的影响，将 K_{pwm} 环节等效为一个比例环节 K。

则系统的开环传递函数为：

$$G_d(s)=G_{di}(s)*K*P_{di}(s)$$

在实际系统中 $L=4.5\text{mH}$，$R=0.2\Omega$，$K=0.77$，$K_{pd}=0.05$，$K_{id}=10$ 画出 d 轴开环传递函数伯德图如图 2-38 所示。由图可见在剪切频率处相角裕度为 $60°$，幅值裕度也足够大。在调试过程中比例积分系数可调节的范围很大，这都说明了控制系统有很好的稳定性。q 轴的 PI 调节器设计和 d 轴基本相同，只要把指令值改为 I_q^* 即可，在试验调节过程中没有对 q 轴电流进行单独调节，参数和 d 轴相同。在逆变器全功率向电网发电时，设置 I_q^* 为零。

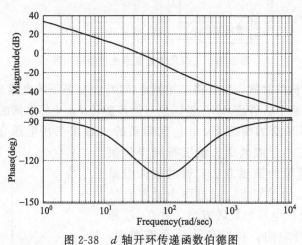

图 2-38 d 轴开环传递函数伯德图

（2）重复控制部分的设计

由于死区、驱动电路的不对称、电网电压周期性扰动等非线性因素的影响，采用单纯的 PI 调节器很难满足并网电流总畸变率（THD）的要求。为了减小周期性扰动的影响，引入了重复控制。重复控制的原理在前文单相逆变器的部分已经介绍，此处便不做赘述。

（3）电压前馈部分的设计

实验测得电网电压并不是标准的正弦波，在不同的用电场合周围电网的畸变情况也不尽相同，为抑制电网的瞬时扰动，本书在控制系统中引入了电压前馈环节。电压前馈环节利用实时采样的电压信号经一定的相位补偿后比上直流母线电压再乘以一个增益值，然后作用于输出，使输出近似抵消电网电压。这样光伏系统就近似于一个无源跟踪系统，PI 调节器只需调节电流指令部分，而不用再去补偿电网电压的变化。电压前馈环节能够改善并网动态过程，减小并网过程中并网电流对电网的冲击作用，对直流母线电压和电网电压的扰动都能快速动作。前馈环节在并网全过程中始终作用。

（4）三相软件锁相环

在三电平大功率并网逆变器中，通过基于虚拟磁链定向的矢量控制，可实现向电网输送有功、无功功率的控制。为此需要动态获取电网电压的相位信息，通过锁相环动态调节虚拟磁链的定向角度。

　　锁相环可以跟踪、锁定交流信号的相位，同时还可提供有关信号的幅值和频率。锁相从实现方式来看分为硬件锁相和软件锁相，根据应用场合分为三相锁相和单相锁相，从控制策略上来看一般可分为开环锁相和闭环锁相。随着数字信号处理器（DSP）、现场可编程门阵列（FPGA）等高速处理芯片的发展，锁相技术在高性能数字控制上得到了很好的应用，在稳定性和精确性上比硬件的锁相有了很大的提高。开环锁相中常用的过零鉴相的开环锁相环是利用电网电压每个周期的两个过零点来实现锁相功能的。过零鉴相的控制策略显然限制了锁相环的响应速度，另外过零点会受电网电压的波动、谐波以及跌落的影响而发生改变，从而使锁相发生偏差，甚至会使并网系统振荡。因此，为有效提高锁相环的快速响应和锁相的准确度，一般需采用闭环锁相环技术。

　　闭环锁相环的控制回路一般由鉴相器（PD）、环路滤波器（LF）和压控振荡器（VCO）三部分组成，如图 2-39 所示。

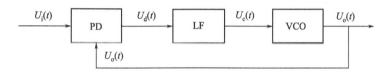

图 2-39　基本闭环锁相环控制结构

　　闭环锁相是根据输入与输出信号间的相位差调节输出信号的频率的。当闭环稳定后，输出和输入的频率是一样的，但两信号之间存在一个稳态相位差，此相位差是个定值，不随时间变化，并且误差电压也是一个定值。为了使相位差为零，可在环路滤波器之后加入比例积分单元，这就可以实现稳态零相位差的锁相控制。

　　当电网电压不平衡的时候，通过采用对称分量法的软件锁相可以减少对系统锁相的影响，以提高系统的抗干扰性。对称分量法的软件锁相原理就是首先把正序分量从不平衡电网中分离出来，然后经过图 2-40 所示的控制策略，实现基于虚拟磁链的矢量控制。为了实现正序分量的分解运算，虚部（j）通过带 90°滞后的全通滤波器和比例增益来实现。通过式（2-11）可以在不平衡电网中分离出正序分量。

$$
\begin{bmatrix} e_a^{+1} \\ e_b^{+1} \\ e_c^{+1} \end{bmatrix} = \frac{1}{3} \begin{bmatrix} 1 & a & a^2 \\ a^2 & 1 & a \\ a & a^2 & 1 \end{bmatrix} \begin{bmatrix} e_a \\ e_b \\ e_c \end{bmatrix} = \begin{bmatrix} \dfrac{1}{2}e_a - \dfrac{1}{\mathrm{j}2\sqrt{3}}(e_b - e_c) \\ -(e_b^{+1} + e_c^{+1}) \\ \dfrac{1}{2}e_c - \dfrac{1}{\mathrm{j}2\sqrt{3}}(e_a - e_b) \end{bmatrix} \tag{2-11}
$$

式中，$a = -\dfrac{1}{2} + \mathrm{j}\dfrac{\sqrt{3}}{2}$。

　　在图 2-40 中，首先从三相电网中分离出电压的正序分量，然后经过 Clark 变换和 Park 变换，将三相静止坐标系的电压变量变换成两相同步旋转坐标系中的直流分量。当磁链矢量和同步旋转坐标系的 d 轴重合时，$e_d = 0$ 即可实现锁相。当输出频率和输入一样时，e_d^+ 为一直流量，此时仍存在相角差，加入直流无静差 PI 调节器，最后可使 e_d^+ 趋于零，最终实现锁相。

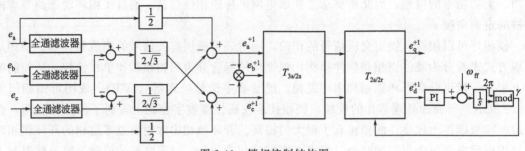

图 2-40 锁相控制结构图

ω_{ff}为检测电压的额定频率；mod 为取相位角 γ，周期为 2π。

2.4.3 三电平电路的调制方法

2.4.3.1 三电平逆变器的拓扑结构

三电平光伏并网逆变器有多种拓扑结构，主要的三种拓扑结构为二极管钳位型、独立直流电源级联和飞跃电容型，实际中应用最广的还是二极管钳位型多电平拓扑结构。主电路结构如图 2-41 所示。

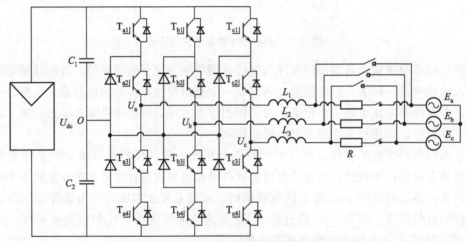

图 2-41　三电平的光伏并网逆变系统拓扑结构图

二极管钳位型三电平的光伏逆变器在实际中是一种最为简单且经济的多电平结构。所谓三电平是由于其各相相对于中点 O 均可输出三种电平，即每一相都可取得 $+U_{dc}/2$、0 和 $-U_{dc}/2$三种电位，U_{dc} 为直流母线电压。

由图 2-41 可见中性点的电位是由二极管来进行钳位的，因而也称之为二极管钳位式结构。在它的直流输入端设置了相串电容 C_1、C_2，用来均衡 U_{dc}，且 $C_1=C_2$，即 C_1、C_2 上的压降均为 $U_{dc}/2$，n 为中性点。逆变电路拓扑结构中的每一相桥臂上均有四个串联的功率管 IGBT，各功率管都有一独立二极管与之相并联来完成续流。在两个中间开关功率管导通的状态下，各相上的两个钳位二极管可以把电位钳在零电平上，另外可在对应桥臂功率管接通时用其反向截止特性来防止 C_1、C_2 被短路。

2.4.3.2 三电平电路 PWM 调制方法

(1) SPWM

三相的 SPWM 调制和单相的原理是一致的，可以简单地认为三相是三个相位差为 120°

的单相组合而成的，但是这种组合存在直流电压利用率低的问题。在实际应用中一般采用正弦电压叠加三角波或者三次谐波的方式来提高电压利用率。本处仅给出几种常用的调制波的波形，不再做具体阐述，如图 2-42 所示。

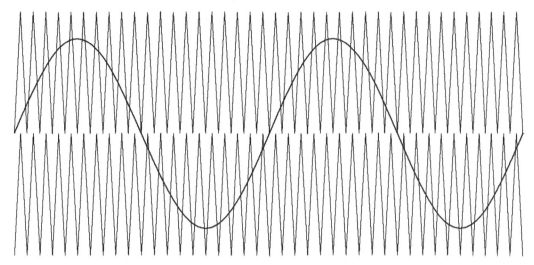

(a) 单相正弦调制波

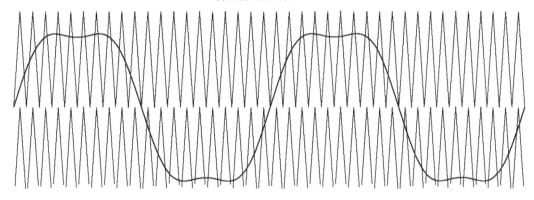

(b) 叠加三次谐波的调制波

图 2-42　单相正弦调制波和叠加三次谐波的调制波

（2）SVPWM

三电平和两电平的空间矢量调制的原理基本上是一样的，都通过区域开关矢量的作用合成与正弦波等效的波形，两电平的 SVPWM 在集中式逆变器中已阐述，本部分主要是针对三电平来讲述的。

① SVPWM 的状态分布图。

由矢量坐标变换可以将三相坐标系下的参考电压变换到两相静止坐标系下，矢量变换公式为：$V_{ref} = \dfrac{2}{3}(V_A + \alpha V_B + \alpha^2 V_C)$ 式中 $\alpha = e^{j\frac{2\pi}{3}}$。逆变器主电路中的各个桥臂都可以输出"2"、"1"、"0"三种开关状态，表示正、0、负三种电平。这三种开关状态之间通过组合可得到有规律分布的 27 个开关状态，同时可归纳为 19 个基本空间矢量。图 2-43 为空间矢量的分布图。所有的空间矢量还可分为 6 个大矢量 V_{13}、V_{14}、V_{15}、V_{16}、V_{17}、V_{18}，其模长为 $2V_{dc}/3$；6 个中矢量 V_7、V_8、V_9、V_{10}、V_{11}、V_{12}，其模长为 $\sqrt{3}V_{dc}/3$；6 对小矢量，其模长

为 $V_{dc}/3$，对应的开关状态如表 2-1 所示。

表 2-1 矢量分类表

零矢量	000,111,222
小矢量	100,110,010,011,001,101 211,221,121,122,112,212
中矢量	210,120,021,012,102,201
大矢量	200,220,020,002,202,201

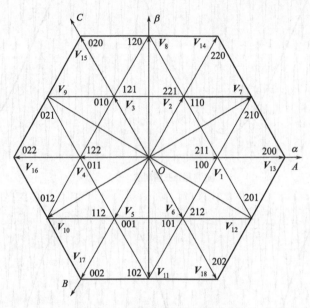

图 2-43 三电平空间矢量分布图

② 三电平 SVPWM 的分析。

a. 参考电压矢量修正

鉴于两电平空间矢量技术的产生机制研究得比较成熟，如果可以把三电平空间矢量调试以两电平的为基础，在很大程度上就可以使三电平空间矢量在计算和分配上得到简化。

通过把全部三电平空间矢量图可以分成 6 个小的两电平六边形相互叠合而成，如图 2-43 所示，每个六边形用 S 值表示，取值为 1~6。对于其中的六边形的重叠区域，可有两种选择，一种为改变 S 的取值，另外一种为改变小矢量作用因子法。本书把小六边形相邻重叠区域等分，具体判断方法如图 2-44 所示。三电平空间矢量图简化与分解如图 2-45 所示。

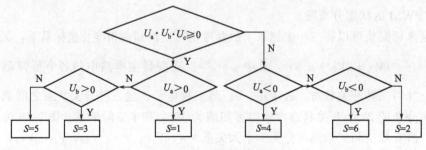

图 2-44 小六边形区域判断

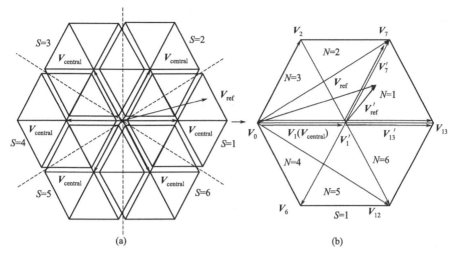

图 2-45　三电平空间矢量图的简化与分解

确定了参考电压矢量 $\boldsymbol{V}_{ref}$ 所在的小六边形区域后，可以根据相应小六边形的中心矢量 $\boldsymbol{V}_{central}$（连接外围六边形中心 O 和小六边形中心的矢量）对三电平下空间矢量 $\boldsymbol{V}_{rof}$ 进行分解。将参考电压 $\boldsymbol{V}_{ref}$ 减去中心矢量 $\boldsymbol{V}_{central}$，得到一个新的两电平参考矢量。以 $S=1$ 为例，当参考电压矢量 $\boldsymbol{V}_{ref}$ 位于如图 2-44（b）所示的位置时，由 $\boldsymbol{V}_{ref}-\boldsymbol{V}_{central}$ 可得新的矢量 $\boldsymbol{V}'_{ref}$，位于 $N=1$ 的扇区内，可以由电压矢量 $\boldsymbol{V}_1$、$\boldsymbol{V}_{13}$ 和 $\boldsymbol{V}_7$ 对该矢量合成，根据"伏-秒定理"可得：

$$\boldsymbol{V}_{ref} \cdot T_s = \boldsymbol{V}_1 \cdot T_1 + \boldsymbol{V}_{13} \cdot T_{13} + \boldsymbol{V}_7 \cdot T_7 \tag{2-12}$$

式中，T_s 为采样周期；T_1、T_{13}、T_7 分别为 $\boldsymbol{V}_1$、$\boldsymbol{V}_{13}$、$\boldsymbol{V}_7$ 的作用时间，且

$$T_s = T_1 + T_{13} + T_7 \tag{2-13}$$

根据以上两式可推得下式：

$$\boldsymbol{V}'_{ref} \cdot T_s = \boldsymbol{V}'_1 \cdot T_1 + \boldsymbol{V}'_{13} \cdot T_2 + \boldsymbol{V}'_7 \cdot T_3 \tag{2-14}$$

式中，$\boldsymbol{V}'_{ref}$、$\boldsymbol{V}'_1$、$\boldsymbol{V}'_{13}$、$\boldsymbol{V}'_7$ 分别为 $\boldsymbol{V}_{ref}$、$\boldsymbol{V}_1$、$\boldsymbol{V}_{13}$、$\boldsymbol{V}_7$ 进行修正后的电压空间矢量，这些电压空间矢量均被平移到以 $\boldsymbol{V}_1$ 为原点，$\boldsymbol{V}_0$、$\boldsymbol{V}_2$、$\boldsymbol{V}_6$、$\boldsymbol{V}_7$、$\boldsymbol{V}_{12}$、$\boldsymbol{V}_{13}$ 为顶点的两电平电压空间矢量里。根据式（2-14）可推得修正后和修正前电压空间矢量的作用时间是相等的，因此可以利用两电平的空间矢量作用时间的计算公式来计算三电平各个空间矢量的作用时间，从而简化现有的时间算法。

由以上分析可得，参考电压的分解可由以下两步完成：

- 确定原参考电压矢量所在的小六边形区域。
- 将电压修正到两电平的空间矢量平面中。

对于 $\boldsymbol{V}'_{ref}$ 在 α-β 坐标系，两轴上的分量 $V'_{\alpha\text{-}ref}$ $V'_{\beta\text{-}ref}$ 在不同 S 值时的参考电压修正如表 2-2 所示。

表 2-2　电压修正表

S	V'_{α_ref}	V'_{β_ref}
1	$V_{\alpha\_ref} - V_{dc}/3$	V_{β_ref}
2	$V_{\alpha\_ref} - V_{dc}/6$	$V_{\beta\_ref} - V_{dc}/2\sqrt{3}$
3	$V_{\alpha\_ref} + V_{dc}/6$	$V_{\beta\_ref} - V_{dc}/2\sqrt{3}$

S	V'_{α_ref}	V'_{β_ref}
4	$V_{\alpha\_ref}+V_{dc}/3$	V_{β_ref}
5	$V_{\alpha\_ref}+V_{dc}/6$	$V_{\beta\_ref}+V_{dc}/2\sqrt{3}$
6	$V_{\alpha\_ref}-V_{dc}/6$	$V_{\beta\_ref}+V_{dc}/2\sqrt{3}$

b. SVPWM 的计算

三电平空间矢量的作用时间是把修正后新的参考电压运用传统两电平的方法计算得到的，其中包括：判断 $\boldsymbol{V}'_{ref}$ 所在的扇区，计算两相邻开关空间矢量的作用时间，参考电压 $\boldsymbol{V}'_{ref}$ 扇区过渡处理，由矢量作用时间确定 PWM 信号。

两电平空间电压矢量作用时间的计算公式如下：

$$
\begin{cases}
T_N = \dfrac{3\sqrt{3}}{2}\dfrac{|\vec{V}_{ref}|}{V_{dc}} \cdot T_s \cdot \left(\cos\omega t \cdot \sin\dfrac{N\pi}{3} - \sin\omega t \cdot \cos\dfrac{N\pi}{3}\right) \\[4mm]
T_{N+1} = \dfrac{3\sqrt{3}}{2}\dfrac{|\vec{V}_{ref}|}{V_{dc}} \cdot T_s \cdot \left(-\cos\omega t \cdot \sin\dfrac{(N-1)\pi}{3} + \sin\omega t \cdot \cos\dfrac{(N-1)\pi}{3}\right)
\end{cases}
\tag{2-15}
$$

式中，N 为参考矢量所在的扇区；T_N、T_{N+1} 是第 N 个扇区相邻两空间矢量的作用时间。

由于三电平电路中 IGBT 的数量比两电平电路中的多一倍，所以控制相关开关矢量控制信号的合成与两电平不同，此处给予了重点分析，其他不再详述。

c. SVPWM 作用顺序的确定

SVPWM 作用顺序需要按照一定的规则，如下所示：

· 在电压空间矢量切换时，只能改变一个桥臂的状态，其他两个桥臂状态不变，以减少功率器件的损耗。每个桥臂的开关状态只能是 "1" 和 "2" 状态间的切换或者是 "0" 和 "1" 状态间的切换，但不能跳跃变化，即不能 "0" 和 "2" 间的切换；

· 小六边形的每个扇区内应选择离参考电压矢量最近的小矢量作为起始矢量，以使空间矢量的合成在各个区域和扇区的过渡时具有平滑性，同时减少边缘窄脉冲的出现；

· 鉴于小矢量对中点电位平衡影响的不同，所以在整个开关周期内应选择使中点电压变化相反的小矢量对，从而减少因空间矢量作用顺序的不同对中点电位产生的波动。

PWM 波形采用连续开关调制模式，在一个开关周期内，矢量的分布和作用时间是对称的，并且在各个空间矢量的切换过程中加入死区时间，保护功率器件。

在 $S=1$ 时的小六边形内开关状态和矢量分配如图 2-46 所示。在 $S=1$，$N=1$ 的扇区中其矢量作用顺序为：[100]→[200]→[210]→[211]→[210]→[200]→[100]。

其他扇区及区域的安排与上述方法一样，表 2-3 为开关矢量在各个区域内的开关状态转换表，表中只列出了对称区间。

为了进一步得到每个桥臂中各个 IGBT 的动作时序，做如下分析：

以最左侧桥臂 S_u 为例，S_{u1} 与 S_{u3}、S_{u2} 与 S_{u4} 在相位上互补，其他桥臂与此类似。当 S_u 桥臂由 "1—2—1"、"0—1—0" 变化时，时序如图 2-47 所示。

随着参考电压 U_{ref} 的旋转，S 值不断变化，S_{u1}、S_{u2} 的时序会发生很大的变化。当桥臂从 "0—1—0" 变化时，S_{u1} 值为 T_{cm1}，S_{u2} 值为 T_s；当桥臂从 "1—2—1" 变化时，S_{u1} 值为 0，S_{u2} 值为 T_{cm1}。

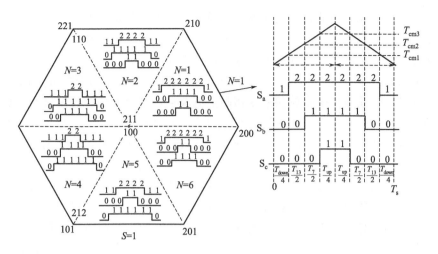

图 2-46 $S=1$ 时的矢量分配图

表 2-3 开关状态转换表

N 值	$S=1$	$S=2$	$S=3$	$S=4$	$S=5$	$S=6$
$N=1$	100→200→ 210→211	110→210→ 220→221	010→110→ 120→121	011→111→ 121→122	001→101→ 111→112	101→201→ 211→212
$N=2$	100→110→ 210→211	110→120→ 220→221	010→020→ 120→121	011→021→ 121→122	001→011→ 111→112	101→111→ 211→212
$N=3$	100→110→ 111→211	110→120→ 121→221	010→020→ 021→121	011→021→ 121→122	001→011→ 012→112	101→111→ 112→212
$N=4$	100→101→ 111→211	110→111→ 121→221	010→011→ 021→121	011→012→ 022→122	001→002→ 012→112	101→102→ 112→212
$N=5$	100→101→ 201→211	110→111→ 211→221	010→011→ 111→121	011→012→ 112→122	001→002→ 102→112	101→102→ 202→212
$N=6$	100→200→ 201→211	110→210→ 211→221	010→110→ 111→121	011→111→ 112→122	001→101→ 102→112	101→201→ 202→212

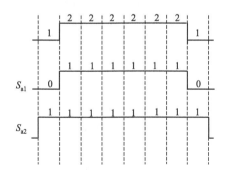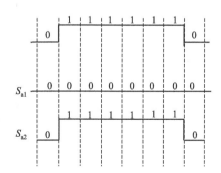

图 2-47 桥臂 S_u 的状态分布

空间矢量作用时间和开关顺序确定好后，可以得到各个桥臂驱动信号的比较值，送入 DSP28335 内可以产生相应功率管的驱动信号。

2.4.3.3 三电平中点位控制

三电平比传统两电平的功耗小，电压波形的正弦度好，谐波含量低，因此并网性能更优越，但同时存在自身的缺点，即中点电位不平衡。正因为直流侧电压的波动使逆变器输出信号的中低次谐波含量比之前的大，造成波形质量下降。中点电压的不平衡会造成逆变器输出的电流谐波率升高，造成损耗增大，利用率下降。若严重不平衡，则压降大的一个电容器将会因为电压过高而损坏，而与之并联的功率管也会受损。

通过研究发现，中点钳位式的结构存在中点电位平衡的问题，同时 SPWM 和 SVPWM 两种调制方式都会使输出产生基波频率 3 倍的交流波动，这使逆变器直流侧的中点电位发生相应的波动。当系统的容量较大电压较高时，因负载电流大，所以对应有较大的电流流过中性点，由该情况导致的电容之间电位的波动量也就会增大，此情况将会严重损坏电容器及功率管。中点电位的波动与电容的容量有密切关系，电位的波动与电容值成反比，容值越小波动越大。同时由于制造工艺和成本的限制，电容值不宜取太大。不平衡还与输出电压幅值和频率有关，电压越大频率越高，平衡控制越困难。逆变器输出所带负载的大小会对中点电位的平衡有影响，负载越大中点电位不平衡越严重。若无有效的抑制措施，就必须选择加大容量的电容器和增大耐压等级的功率开关，用以克服中点电位不平衡而造成的影响，但这样就会提高投资成本和增大系统的体积。由以上可知需要对中点电位进行有效的控制。

(1) 工作状态引起中点电位不平衡的分析

中点电位不平衡主要是由于中点电流的存在而产生的，下面分析在 27 种不同开关状态下中点电流对电位的影响。

零矢量，见图 2-48(a)、图 2-48(b)、图 2-48(c)。从相应的等效电路可知，由于电容中点无电流流过，因此零矢量状态下不会引起中点电位不平衡。

大矢量，见图 2-48(d) 和图 2-48(e)。负载直接连于电源正负极，与中点 O 没有相连。即在中点和直流电源的正负极之间未形成独立的充放电回路，这也就不会引起一侧电容单独充放电，所以不会出现中点不平衡。

中矢量，见图 2-48(f)。三相负载中总有一相与中点相连，这样负载与两个直流分压电容 C_1 和 C_2 各构成一个充放电回路，当两回路充放电不同步时，将会造成相串联的两个分压电容的电位变化，引起电位不平衡。

小矢量，见图 2-48(g)、图 2-48(h)、图 2-48(i)、图 2-48(j)。三相负载中有一相或两相与中点相连，且负载只与直流侧两个相串联电容中的一个电容组成充放电回路。当电容进行充放电时，因为总的直流电压 U_{dc} 是一定的，所以当一个电容上的电压增高时，另一个电容电压以相同的数值降低。成对的冗余小矢量虽然对应于同一电压空间矢量，但对电容中点的作用效果却是相反的。

由以上分析总结有以下几个关系。

① 中点电位波动与零矢量和大矢量无关。

② 在小矢量作用下，负载与两分压电容中的一个组成充电或放电回路，使中点电位发生变化。

③ 在中矢量作用下，负载与两分压电容分别组成充放电回路，充放电时间的不同会引起中点电位波动。

可见，在 27 个状态中，只有小矢量和中矢量会对逆变器的中点电位产生影响。成对冗余小矢量对中点电位的作用效果是相反的，因此可以通过合理分配冗余矢量的作用时间来完成中点平衡的控制。

(2) 中点电位平衡的控制策略

通过分析不同电压矢量作用下负载与逆变器连接的等效电路只能判断出电容中点电压变

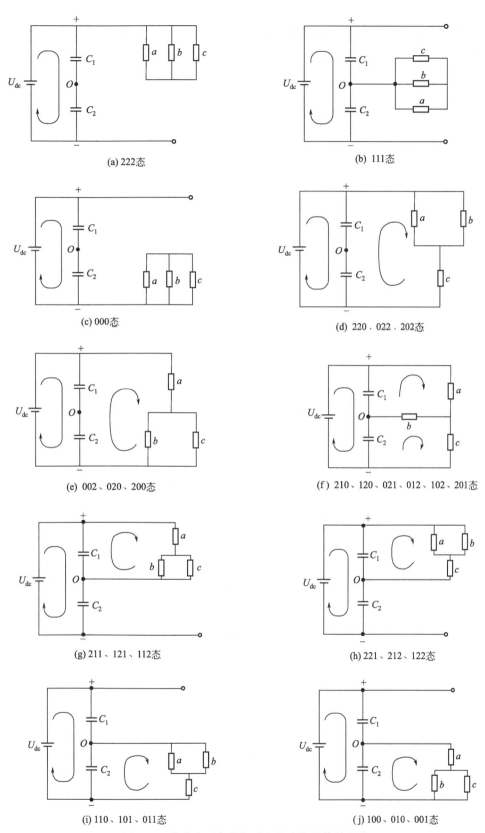

(a) 222态

(b) 111态

(c) 000态

(d) 220、022、202态

(e) 002、020、200态

(f) 210、120、021、012、102、201态

(g) 211、121、112态

(h) 221、212、122态

(i) 110、101、011态

(j) 100、010、001态

图 2-48 各状态下负载与逆变器连接的等效电路

化的大致情况，而要确定各电容电压的升降还要看中点电流的流向。由于 $i_c = C \dfrac{\mathrm{d}u_c}{\mathrm{d}t}$，可通过分析 i_c 来获取 u_c 的信息。中点电流 i_0 和电压 u_0 如图 2-49 所示。

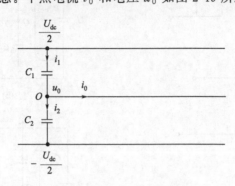

图 2-49　i_0 与 u_0 的关系

根据电容的电气特性可列式：

$$i_1 = C_1 \frac{\mathrm{d}\left(\dfrac{U_{dc}}{2} - u_0\right)}{\mathrm{d}t} \qquad i_2 = C_2 \frac{\mathrm{d}\left(u_0 - \dfrac{U_{dc}}{2}\right)}{\mathrm{d}t} \tag{2-16}$$

设 $C_1 = C_2 = C$，则根据 KCL 定律有：

$$i_0 = i_1 - i_2 = C_1 \frac{\mathrm{d}\left(\dfrac{U_{dc}}{2} - u_0\right)}{\mathrm{d}t} - C_2 \frac{\mathrm{d}\left(u_0 - \dfrac{U_{dc}}{2}\right)}{\mathrm{d}t} = -2C \frac{\mathrm{d}u_0}{\mathrm{d}t} \tag{2-17}$$

由式(2-17)，可得：

$$\frac{\mathrm{d}u_0}{\mathrm{d}t} = -\frac{i_0}{2C} \quad 或 \quad u_0 = -\frac{1}{2C}\int i_0 \, \mathrm{d}t \tag{2-18}$$

由式(2-17) 可得，$i_0 \propto \dfrac{\mathrm{d}u_0}{\mathrm{d}t}$，当 $u_0 > 0$ 时，i_0 流入中点。反之，$u_0 < 0$ 时，i_0 流出中点。也可以说 i_0 引起 u_0 变化，若 $i_0 = 0$ 则 u_0 不会发生波动。例如矢量 211 和 100。当矢量 211 作用时，C_1 放电 C_2 充电；当矢量 100 作用时，C_1 充电 C_2 放电。表 2-4 列出了冗余矢量对中点电位平衡的影响。因此控制好小矢量的作用时间就可以把中点电位的波动降到最低。

表 2-4　冗余小矢量对中点电位平衡的影响

冗余小矢量	电容电压变化
211,221,121 122,112,212	$U_{c1} \downarrow \& U_{c2} \uparrow$
100,110,010 011,001,101	$U_{c1} \uparrow \& U_{c2} \downarrow$

冗余小矢量的作用时间 T_1 是两个使电容电压变化相反的小矢量的作用时间和，如式(2-19) 所示。

$$T_1 = T_{up} + T_{down} \tag{2-19}$$

$$T_{up} = T_1 \cdot \frac{(1+\rho)}{2} \qquad -1 \leqslant \rho \leqslant 1 \tag{2-20}$$

$$T_{down} = T_1 \cdot \frac{(1-\rho)}{2} \qquad -1 \leqslant \rho \leqslant 1 \tag{2-21}$$

两电容电压 U_{c1} 和 U_{c2} 相减，差值即是中点电位的变化。由差值定义一个新的变量 $\rho(-1 \leqslant \rho \leqslant 1)$，如果 C_1 电压比 C_2 高，ρ 是一个正值，否则 ρ 是一个负值。T_{up} 和 T_{down} 的时间计算公式为式(2-19)~式(2-21)。正负小矢量对的作用时间随中点电位差大小的变化而变化，譬如当 U_{ref} 位于图 2-45 的位置时，$T_{up} = T_{100}$，$T_{down} = T_{211}$。当 $\rho > 0$ 时（C_1 电压比 C_2 高），由公式可知 T_{100} 作用时间减小，T_{211} 作用时间增大，从而使 C_1 电压降低，C_2 电压升高。在开关周期内，通过对冗余小矢量对的调节可以很好抑制三电平并网逆变器中点电位的波动并保持平衡。

2.4.3.4 仿真结果

基于以上控制策略搭建了如图 2-50 所示的 SIMULINK 仿真模型，并得到如图 2-51 所示的电压电流波形，PWM 波形如图 2-52 所示，中点电位的波形如图 2-53 所示。

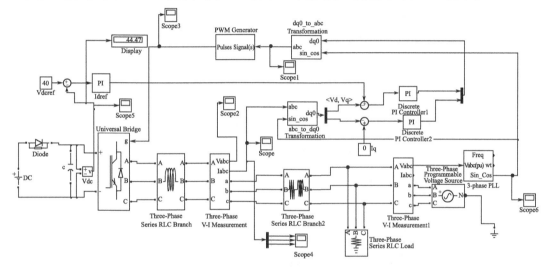

图 2-50　仿真模型

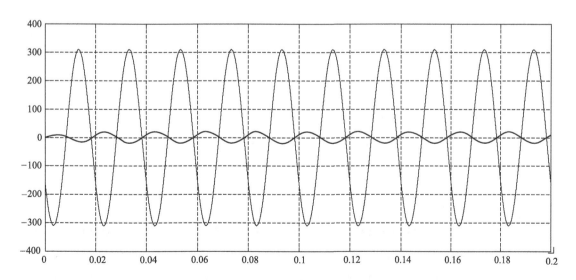

图 2-51　并网电压电流波形

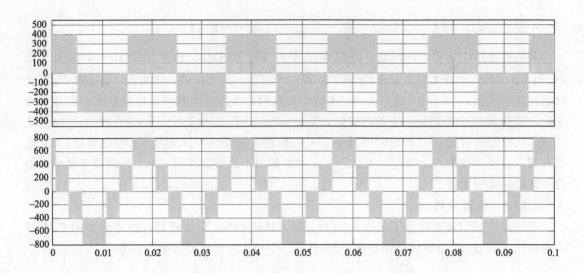

图 2-52　三电平桥臂输出的 PWM 波形

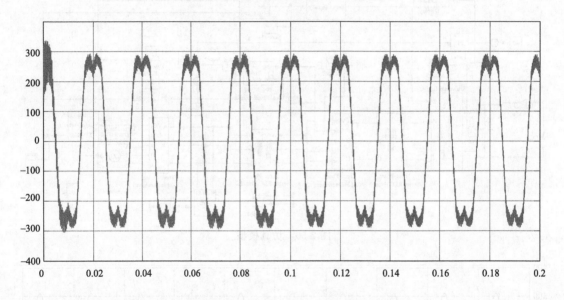

图 2-53　相电压相对于中点的波形

2.4.4　三相逆变器的硬件设计

实验室搭建了两个三相并网平台，一个是两电平的功率模块采用的是三菱的 IPM，主控芯片 TMS320F2406，采用的是硬件锁相。另一个是三电平的功率模块采用的是英飞凌一字型 75A IGBT 模块，主控芯片是 TMS320F28335，采用的是软件锁相。

（1）采样电路设计

需要采集的电压参数有电网电压、逆变器输出电压和直流母线电压，其采样电路和组串式单相并网逆变器采样电路相同，唯一的区别在于，采样的数目不同。在组串式单相并网逆变器中，采集的交流电压和交流电流的数目分别为一路，在组串式三相并网逆变器中，采集的交流电压和交流电流的数目分别为两路，第三路根据三相交流电压和交流电流的矢量和为零求出。电压采集电路和电流采集电路可以参考前面电路图。

(2) 驱动电路设计

IGBT 选用的是英飞凌的 FF200R12KT4，吸收电容参数为 3μF/1200V DC。经过分析和选择，IGBT 驱动模块采用的是 TX-DA962D6，该驱动模块具有故障报警、支持多种输入信号电平、统一的输出使能端控制、输入电源极性保护等优点。TX-DA962D6 驱动模块每两路驱动配备一片 DC/DC 电源 PD203，n 路 DC/DC 电源的输入并在一起，输入的直流电压范围为 12～30V，本实验系统使用＋15V 直流电源供电。输入信号连接插座的 ENA 端为输入信号使能端。

(3) 实验结果分析

实验参数选择如下：直流侧电容 2200μF/900V；滤波电感 3mH/35A。

控制参数如下，dq 轴 PI 调节器参数：$K_{pd} = K_{pq} = 0.05$，$K_{id} = K_{iq} = 8$；MPPT 环节 PI 调节器参数：$K_{pmppt} = 10$，$K_{imppt} = 8$。

并网时三相输出电压电流波形以及电流 I_a 的谐波分析如图 2-54 和图 2-55 所示。当光伏并网系统正常运行时，逆变器输出的电流与电网电压同频、同相，功率因数为 1。

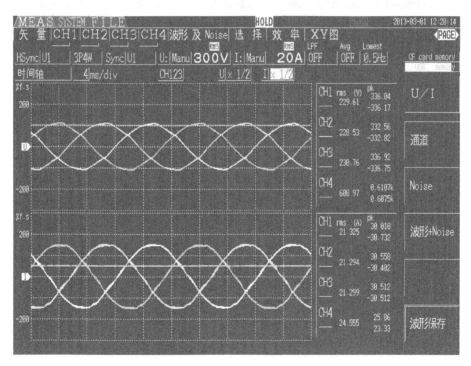

图 2-54　三相电压和电流

在输出功率为 15kW 时测得三相电流 I_a、I_b、I_c 的 THD 值分别为 2.57％、2.59％、2.56％，三相电流总畸变率均在 3％以下，满足并入电网的国家标准。实验表明在输出功率增大的情况下电流总畸变率有下降的趋势。

图 2-56 中信号通道 2 为中点电位差的交流分量，在稳态情况下中点电位的波动幅值不超过 5V，可知采用本书的中点电位平衡控制策略后中点电压的直流分量得到了很好的抑制且交流的动态性能有了很好的改善。

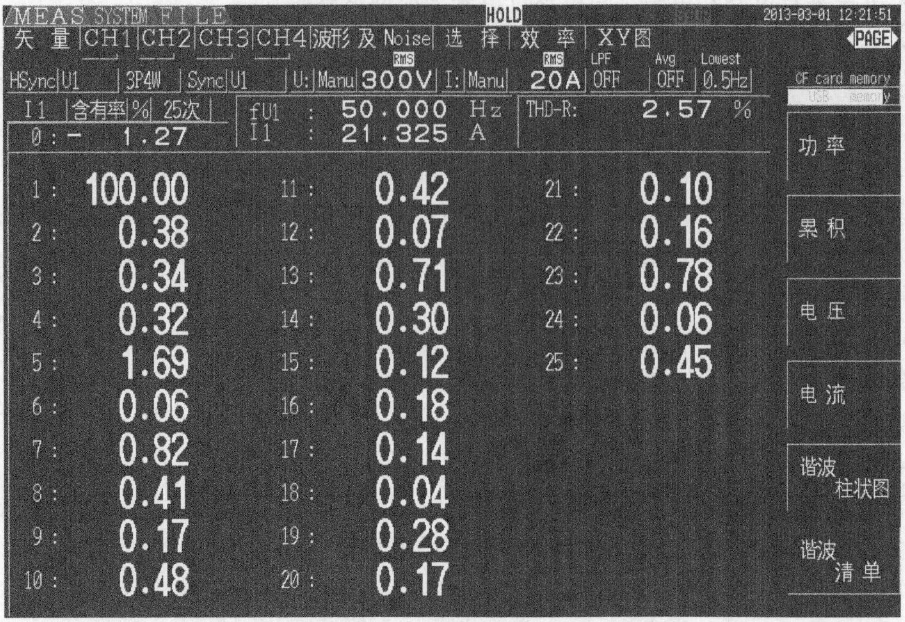

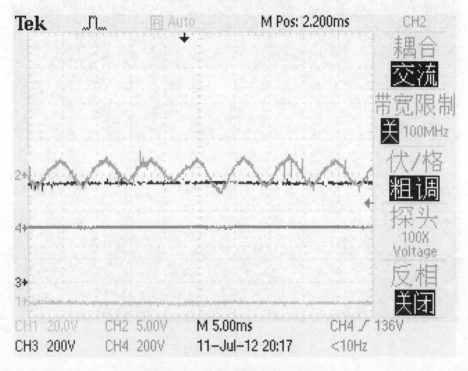

图 2-55 电流 I_a 谐波分析

图 2-56 中点电位差的交流分量

2.5 集中式三相逆变器的硬件设计

大功率并网逆变器由功率开关逆变桥、直流和交流 EMC 滤波器、电流传感器、并网逆变控制器、交直流滤波器以及多个控制开关构成。

　　系统硬件电路采用将 IGBT 模块、直流储能电容、吸收电容、驱动单元、控制单元、传感器等主要电路器件集成在一个模块内的设计方式。该模块具有功能独立、结构紧凑及便于功率扩展等优点。在此基础上，只需接断路器、接触器、滤波电感电容、变压器、控制电源、预充电单元、触摸屏、冷却风机等外围电路器件，便可设计出完整的硬件电路系统。集中式光伏并网逆变器系统电气图如图 2-57 所示

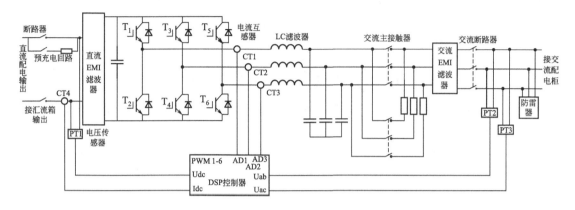

图 2-57　500kW 光伏并网逆变器系统电气图

　　集中式并网逆变器功率一般在 100kW 以上，本书以 500kW 逆变器为例，对集中式并网逆变器所需要涉及的参数进行计算。它主要包括直流和交流侧 EMC 滤波器的参数、直流侧储能电容、吸收电容、IGBT 电路设计、网侧滤波器的电感和电容等。

2.5.1　EMC 滤波器参数的选取

　　为了防止高次谐波进入电网和光伏电池组串，同时也防止电网和光伏组串上的强烈干扰影响逆变器的正常运行，在交流侧和直流侧需要设置 EMI 滤波器。应根据光伏逆变器的功率大小选择适当的直流侧 EMI 滤波器和交流侧 EMI 滤波器。标准的 EMI 滤波器通常是由串联电抗器和并联电容器组成的低通滤波电路，其作用是允许设备正常工作时的频率信号进入设备，而对高频的干扰信号有较大的阻碍作用。

　　EMI 滤波器最重要的技术指标是对干扰的抑制能力，常常用所谓的插入损耗（Insertion Loss）来表示，它的定义是：没有接入滤波器时从干扰源传输到负载的功率 P_1 和接入滤波器后从干扰源传输到负载的功率 P_2 之比，用分贝（dB）表示。

　　其性能指标和 EMI 滤波器的插入损耗与滤波网络的网络参量以及源端和负载端的阻抗有关。不论是军用还是民用 EMC 标准，对设备或分系统的电源线传导干扰电平都有明确的规定，预估或测试获得的 EMI 传导干扰电平和标准传导干扰电平之间的差值即所需的 EMI 滤波器的最小插损。然而，对不同的单台设备都进行 EMC 测试，而后分析其传导干扰特性，设计合乎要求的滤波器，这在实际工程中显然是不可能的。事实上，国家标准中规定了电源滤波器插入损耗的测试方法。在标准测试条件下，一般军用电源滤波器应满足 10kHz～30MHz 范围内插入损耗 30～60dB。工程设计人员只需要根据实际情况选择合适的滤波器即可。

　　对于 500kW 三相并网逆变器，直流侧 EMI 滤波器选择型号为 B84142A1600S081，其参

数为 $U_{dc}=1000V$，$I_{dc}=1600A$；交流侧 EMI 滤波器选择型号为 B84143B1600S080，其参数为 $U_{ac}=520V$，$I_{ac}=1600A$。

2.5.2 直流支撑电容的设计

对于 700V 的直流电压，考虑到电压波动，直流支撑电容耐压值设计为 1000V。采用 SVPWM 调制时，直流支撑电容的纹波电流 I_{inh} 计算如下：

$$M=\frac{U_p}{2U_{DC1}/\pi}=\frac{\pi\times221}{2\times460}=0.755 \tag{2-22}$$

$$I_{inh}=I_0\sqrt{\frac{2\sqrt{3}}{\pi^2}M+\left(\frac{8\sqrt{3}}{\pi}-\frac{18}{\pi^2}M\right)M\cos^2\theta}=550A \tag{2-23}$$

式中，M 为调制比；U_p 为交流电压峰值，线电压 270V；U_{DC1} 为 MPPT 范围最低电压；I_0 为交流电流。

根据直流电压动态响应性能的要求，在额定容量运行情况下，当逆变器突加 50% 负载时，载波周期为 278μs，直流电压最大波动应小于 5%，则计算直流支撑电容值如下：

$$\frac{1}{2}C\Delta U_{dc}^2\geqslant50\%Pt$$

$$\frac{1}{2}C\left[460^2-460^2(1-5\%)^2\right]\geqslant50\%\times500000\times2.78\times10^{-4}$$

$$C\geqslant6737\mu F \tag{2-24}$$

选用 420μF，额定直流电压 1100V 的金属膜电容，这种电容可满足电压要求，查询该电容的数据手册可知，电容在 75℃时的额定纹波电流为 50A，故需要 16 个电容并联。考虑降额设计，取 2.5 倍裕量，共选用 40 只电容，其额定纹波电流有效值为 50×40=2kA。

对于三组对称设计的情况，直流支撑电容数量是 3 的整数倍，可以在计算值上下调整。

2.5.3 IGBT 电路的设计

IGBT 的选取需要考虑三方面的因素：开关速度、额定电压和额定电流。设计 IGBT 电路时，大功率三相光伏并网逆变器没有 Boost 升压电路，逆变电路的每一个桥臂由一个 IGBT 组成，然后六桥臂共 6 个 IGBT 构成三相全桥电路。逆变器的额定输出功率 $P=500kW$，交流输出线电压 $U=270V$。根据 500kW 光伏逆变器的技术要求，直流母线电压最高为 850V，考虑到关断尖峰可能要达到 1.2 倍，因此 IGBT 耐压要超过 850×1.2=1020V，系统的额定功率为 500kW，流过 IGBT 的电流为

$$I=\frac{500000}{\sqrt{3}U}=1069A \tag{2-25}$$

额定功率下，流经每个 IGBT 的电流为 1069A，考虑 1.4 倍以上的裕量，选取 1600A，最高端电压为 850V（700V×1.2，逆变器中间直流电压为 700V，考虑 20% 的裕量）。

根据上述参数的计算，IGBT 选用英飞凌公司生产的 FZ1600R12IP4，基本参数为 1600A/1200V/半桥，配备数量为 6 个。

在 IGBT 电路设计过程中，每个 IGBT 半桥电路两端并联一个吸收电容，可以抑制开关

管关断瞬间产生的电压尖峰。

IGBT 模块的两端通过复合母排连接到直流吸收电容的两极上。选用复合母排以后，不但可以减小在 IGBT 开关过程中产生的过电压，而且还可以降低电磁干扰，提高了逆变器的电磁兼容（EMC）性能。

2.5.4 吸收电容的选择

为了消除由于绝缘栅双极型晶体管（IGBT）母排的杂散电感引起的尖峰电压，避免绝缘栅双极型晶体管的损坏，需要在电路中加入吸收电容。吸收电容在电路中起的作用类似于低通滤波器，可以吸收掉尖峰电压。

母线电感以及缓冲电路及其元件内部的杂散电感，对 IGBT 电路尤其是大功率 IGBT 电路，有极大的影响。吸收电容的选取要考虑使用环境，就是电路电压、吸收频率。为安全起见，容量一般不要太大，电容要选高频性能好、反应速度快的电容，电压等级和 IGBT 的等级一致，一般为 1200V DC。为了得到准确的吸收电容值，设计如图 2-58 所示的吸收电路。

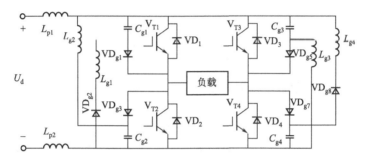

图 2-58　吸收电容设计图

此吸收电路的特点在于巧妙借鉴了传统放电阻止型吸收电路的拓扑结构，同一桥臂的两个 IGBT 吸收电容与辅助放电电感及钳位二极管串联，再交叉连接到逆变器直流侧输入端。吸收电容上的过冲能量通过振荡转移到放电电感中，既限制了放电冲击，又不消耗能量。同时，放电电感有多条允许的路径将能量回馈至电源或馈送至负载。可见，此电路适合用于大功率 IGBT 电路。

此吸收电路中吸收电容 C_s 的选取与传统 IGBT 逆变器吸收电路中 C_s 的选取原则相同，都是由电路容许的吸收电压峰值 ΔU 来确定其参数。如果已经确定了 ΔU 的限定值，则可用式(2-26)确定 C_s 的值：

$$C_s = \frac{L_p i^2}{\Delta U^2} \tag{2-26}$$

式中，L_p 为母线寄生电感，H；i 为关断电流，A。选取 $L_p = 100\text{nH}$，$i = 1000\text{A}$，$\Delta U = 59.2\text{V}$，计算得：$C_s = 3\mu\text{F}$。

所以选取吸收电容为 $3\mu\text{F}/1200\text{V}$。

2.5.5 网侧滤波器的设计

① 滤波器电感的设计　光伏并网逆变器的输出电流的纹波系数决定滤波电感的最小值，额定工作时，电流纹波通常取峰值电流的 15%～20%。本书设计取值 15%，输出线电压

270V，假设大功率三相光伏并网逆变器的效率为98%，可得：

$$\Delta I_{\text{Lmax}}=\sigma \times \frac{\sqrt{2}\,P_{\text{outmax}}}{U_{\text{out}} \times \eta}=15\% \times \frac{500000 \times \sqrt{3} \times \sqrt{2}}{270 \times 98\%}=695\text{A} \quad (2\text{-}27)$$

式中，σ 为电感的纹波电流系数；ΔI_{Lmax} 为电感的纹波电流；P_{outmax} 为逆变器输出功率；U_{out} 为逆变器输出电压的有效值；η 为逆变器的输出效率。

$$\Delta I_{\text{L}}=\frac{u_{\text{dc}}-u_0(t)}{L} \times \frac{D(t)}{f_{\text{s}}} \quad (2\text{-}28)$$

式中，u_{dc} 为逆变器的直流母线电压；u_0 为逆变器交流输出时的瞬时电压；L 为滤波电感；$D(t)$ 为逆变器的占空比；f_{s} 为逆变器的开关频率。因为逆变器的工频频率远远小于开关频率，因此可得到

$$u_0(t)=u_{\text{dc}}D(t)+[1-D(t)] \times (-u_{\text{dc}}) \quad (2\text{-}29)$$

又因为本设计采用的逆变电路为双极性，因此每个开关周期的占空比可表示为：

$$D(t)=\frac{u_0(t)+u_{\text{dc}}}{2u_{\text{dc}}} \quad (2\text{-}30)$$

由以上公式得：

$$\Delta L_{\text{L}}=\frac{u_{\text{dc}}^2-u_0^2(t)}{2Lf_{\text{s}}u_{\text{dc}}} \quad (2\text{-}31)$$

所以当 $u_0(t)=0$ 时，纹波电流具有最大值，

$$\Delta I_{\text{Lmax}}=\frac{u_{\text{dc}}}{2Lf_{\text{s}}} \quad (2\text{-}32)$$

由于开关器件的频率限制，电感量 L 不方便取得太小，否则会引起非常剧烈的电流波动，导致系统输出的谐波含量会随之增大，此时主电路无法正常工作，因此，滤波器电感的取值要满足公式为：

$$L \geqslant \frac{u_{\text{dc}}}{2f_{\text{s}}\Delta I_{\text{Lmax}}} \quad (2\text{-}33)$$

逆变器直流母线的电压 $u_{\text{dc}}=700\text{V}$，开关频率 $f_{\text{s}}=3.6\text{kHz}$，$\Delta I_{\text{Lmax}}=695\text{A}$

$$L \geqslant \frac{u_{\text{dc}}}{2f_{\text{s}}\Delta I_{\text{Lmax}}}=\frac{700}{2 \times 3.6 \times 10^3 \times 695}=139\mu\text{H} \quad (2\text{-}34)$$

经过计算，最后取电感值为 $140\mu\text{H}$。

② 滤波器电容的设计　对于高过滤器转折频率的高次谐波，LC 低通滤波器将会以 40dB/dec 的速度衰减。若选择远低于开关频率的转折频率，则对谐波有比较明显的抑制作用。本设计开关频率为 3.6kHz，取 LC 滤波器的转折频率为 1500Hz，则：

$$f_{\text{n}}=\frac{1}{2\pi\sqrt{LC}}=1500\text{Hz} \quad (2\text{-}35)$$

$$C=\frac{1}{L(2\pi f_{\text{n}})^2}=\frac{1}{140 \times 10^{-6} \times (2\pi \times 1500)^2}=80\mu\text{F} \quad (2\text{-}36)$$

最后取电容值为 $80\mu\text{F}$。

2.5.6　参数设计总结

直流滤波器选择型号为 B84142A1600S081，其参数为 $U_{\text{dc}}=1000\text{V}$，$I_{\text{dc}}=1600\text{A}$；交流

滤波器选择型号为 B84143B1600S080，其参数为 $U_{ac}=520V$，$I_{ac}=1600A$。

直流侧支撑电容：$420\mu F/1100V$。

吸收电容：$3\mu F/1200V$。

IGBT 电路设计：基本参数为 FF1600R12IP4，配备数量为 6 个。

LC 滤波器设计：电感值为 0.14mH，电容值为 $80\mu F$。

主要材料表如表 2-5 所示。

表 2-5　材料表

名　　称	型　　号	参　　数	数　量
EMC 滤波器	DC 侧：B84142A1600S081	1000V DC，1600A	1
	AC 侧：B84143B1600S080	520V AC，1600A	1
直流侧支撑电容		$420\mu F/1100V$	40
吸收电容	B32669Y7305K［EPCOS］	$3\mu F/1200V$	3
IGBT	FF1600R12IP4	1600A/1200V/半桥	6
滤波器	电感值	0.14mH	1
	电容值	$80\mu F$	3

2.6　微型并网逆变器

2.6.1　微型并网逆变器设计

下面介绍一种基于串联谐振推挽式电压型微型逆变器的设计实例。电路图如图 2-59 所示，串联谐振推挽式的结构主要由两部分构成，即推挽式 DC/DC 变换器和全桥式 DC/AC 逆变器。首先通过变换器对其进行升压，然后再进行逆变并网。

图中 U_{PV} 是光伏电池板电压，正极接变压器的中间抽头，负极接变压器的两端；开关管 S_1 和 S_2 由 PWM 控制导通，控制 S_1 和 S_2 导通的 PWM 波互补带死区；VD_1、VD_2、VD_3、VD_4 组成桥式整流电路，用于将变压器副边输出整流为直流。

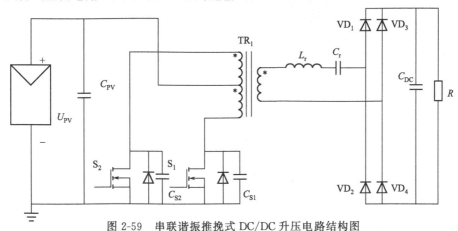

图 2-59　串联谐振推挽式 DC/DC 升压电路结构图

实例中设计的是 500W 的微型逆变器，功率比较小，因而用 MOSFET 即可实现逆变功能，一般选用 600V、30A 型号的 MOSFET 就能满足要求。通过全桥逆变电路将高压直流电能转化为 220V、50Hz 的交流电，逆变电路如图 2-60 所示。四个 MOS 管组成全桥结构，

$C2$、$C3$、$R1$、$R2$、VD1、VD2 组成 RCD 缓冲电路，用来吸收 MOS 管切换时产生的过冲电压分量。缓存电容可以减小电阻的损耗，二极管抑制寄生振荡，$C1$ 和 $C4$ 确保开关切换时的可靠性，可以有效抑制 du/dt 的变化。

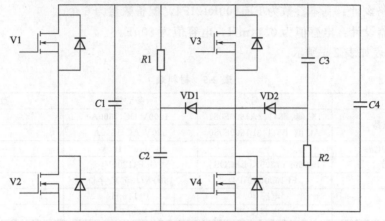

图 2-60　RCD 缓冲方式的全桥逆变电路图

整个 DC/DC 变换器部分是由单片机和 PWM 控制器联合控制的。控制 S_1 和 S_2 导通的互补带死区的 PWM 波可以由 PWM 控制器 TL494 来提供，单片机提供 2 倍电网频率的正弦平方波信号，作为 PWM 控制器中的电流给定值，来对升压电路的输出电流进行钳位。变压器的输出经过 VD_1、VD_2、VD_3、VD_4 组成 H 桥电路整流得到 2 倍电网频率的正弦半波。逆变环节中先由单片机监测外电网的相位，根据外电网的相位控制生成 PWM 波，驱动全桥逆变电路中的功率器件做工频开关，逆变输出与电网同频同相的 220V 交流电。

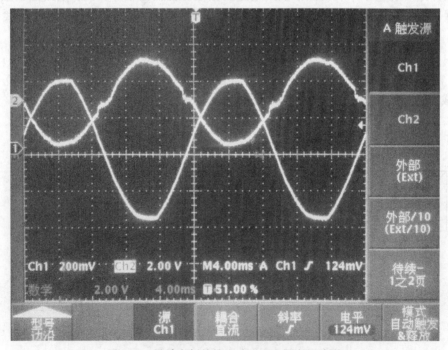

图 2-61　设计实例的输出波形和电网电压波形

设计实例的实验波形如图 2-61 所示，从图中可以看出，电网电压在波峰和波谷存在明显谐波，由于电网电压的扰动，微型逆变器的输出电流波形在波峰和波谷处出现了比较明显的畸变，同时过零点的波形畸变也比较严重。波形的畸变会影响电网的正常工作和电网质量，因此需要为逆变器加入前馈控制。

由单片机采集外电网电压，利用采集得到的外电网电压值乘以正弦系数来调制给定PWM控制器的正弦平方波信号，给定电流信号如图2-62所示的2通道所示。

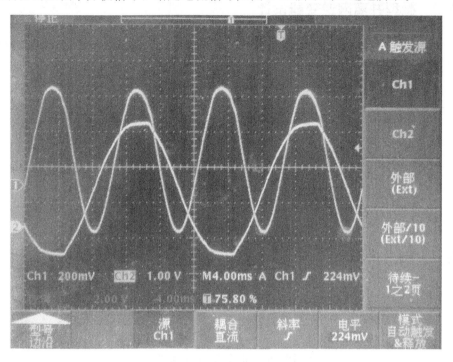

图2-62 给定电流信号波形和电网电压波形

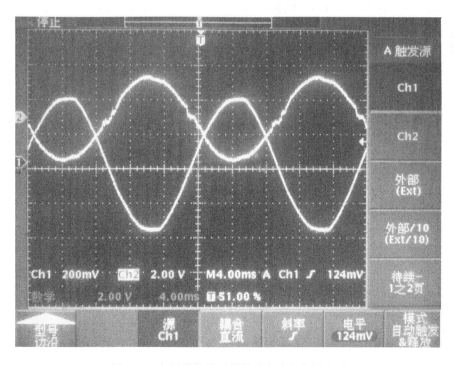

图2-63 加前馈补偿后的输出电流和电网电压

加入前馈补偿后，微型逆变器的输出电流波形在波峰和波谷处畸变基本得到了解决，同时过零点的波形畸变也得到了很大改善。因为加入了前馈补偿，电流环能够快速跟随上电网，这样在观测静态特性的同时也兼顾了动态变化，波形如图 2-63 所示。

2.6.2 微型并离网逆变器设计

仔细观察会发现设计实例中应用的主电路拓扑结构与推挽式离网逆变器的主电路拓扑结构基本相同，只有在直流输出侧离网逆变器需要直流支撑电容来保证直流电压不会发生突变。推挽式离网逆变器的主电路拓扑结构如图 2-64 所示。

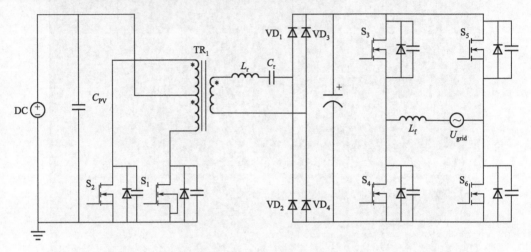

图 2-64　推挽式离网逆变器

虽然电路拓扑结构基本相同，但控制方法却差异很大，推挽式离网逆变器的直流输出侧是稳定的 400V 直流电，所以 PWM 控制器的电流给定是一个恒定值而不是正弦平方波信号，全桥逆变电路中功率器件的驱动信号是 SPWM 波而不是工频开关。可以对微型逆变器的主电路进行改造，加入直流支撑电容和作为切换用的固态继电器，通过一定的控制方法就可以实现微型逆变器并网与离网间的切换。改造电路的原理图如图 2-65 所示。

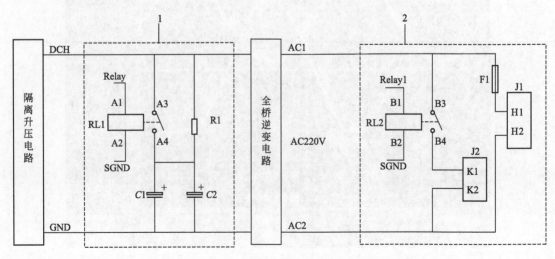

图 2-65　微型逆变器的改造电路

在微型逆变器正常并网运行时，方框 1 中的继电器 RL1 断开，直流支撑电容 $C1$ 和 $C2$ 不接入主电路，方框 2 中的继电器 RL2 吸合，通过接口 J2 与电网相连。如果检测到电网异常，首先通过单片机控制 PWM 控制器封锁并停止逆变，使整个装置停机，再控制继电器 RL1 吸合，使直流支撑电容 $C1$ 和 $C2$ 接入主电路；RL2 断开使逆变输出的 220V 交流电通过接口 J1 连接负载，这就实现了微型逆变器的离网运行。

第3章

光伏电池最大功率跟踪控制技术

3.1 光伏电池与光伏阵列的原理与特性

太阳能电池阵列输出电压、电流对电池板温度和日照强度的变化非常敏感，两者的微小变化都可引起电压和电流的大幅度改变，从而造成能量损耗。太阳能光伏阵列是典型的非稳定电源。为了得到最佳能量利用效率使电池时刻处于最佳输出状态，需采取必要的措施使输出功率自动跟踪外部光强的变化。要实现这种自动跟踪，最常用的方法是最大功率点跟踪法（Maximum Power Point Tracking，MPPT）。

3.1.1 太阳能电池单体的数学模型

太阳能电池的基本原理和二极管类似，可用简单的 PN 结来说明。图 3-1 为太阳能电池的单体模型和外观。当太阳光照射到 PN 结时，在半导体内的原子由于获得了光能而释放电子，同时相应地便产生了电子-空穴对，于是，就在 PN 结之间产生了电动势，当接通外电路时便有电能输出。电池单元是光电转换的最小单元，一般不单独作为电源使用。将电池单元进行串、并联并封装后就成为太阳能电池，功率一般为几瓦、几十瓦甚至数百瓦，众多太阳能电池组件需要进行串、并联后形成太阳能电池阵列，就构成了"太阳能发电机（Solar Generator）"。

光伏电池的温度受各种因素影响，如式(3-1) 所示：

$$T = T_{air} + kS \tag{3-1}$$

式中，T 为光伏电池的温度，℃；T_{air} 为环境温度，℃；S 为光照度，W/m^2；k 为系数，$℃ \cdot m^2$。

光伏电池在一般测试条件下，有短路电流 I_{SC}、开路电压 U_{OC}、最大功率点输出功率 P_m、最大功率点处的电压 U_m 和最大功率点处的电流 I_m 5 个参数。

光伏电池的等效电路如图 3-2 所示，它相当于一个电流源和二极管并联。图中 R_L 为外接负载，R_S 和 R_{sh} 相当于实际内部损耗，电池输出端电压为 U_L，I_L 为光伏电池输出电流，I_{SC} 为太阳光照在电池上激发的电流。

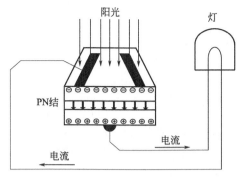

图 3-1　单个太阳能电池的模型

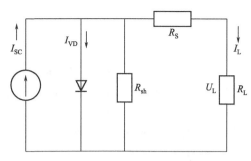

图 3-2　光伏电池的等效电路

图 3-2 中，I_{VD} 为二极管电流，其表达式为(3-2) 所示：

$$I_{VD}=I_{D0}(e^{\frac{qE}{AKT}}-1) \qquad (3-2)$$

式中，q 为电子的电荷，1.6×10^{-19} C；K 为波尔兹曼常数，1.38×10^{-23} J/K；A 为常数因子，一般取 1 或 2；T 为电池板温度，℃；E 为电池电动势，V。

由图 3-2 可得到式(3-3) 负载电流 I_L：

$$I_L=I_{SC}-I_{D0}(e^{\frac{q(U_L+I_LR_S)}{AKT}}-1)-\frac{U_L+I_LR_S}{R_{sh}} \qquad (3-3)$$

式中，R_S 为串联电阻；R_{sh} 为旁漏电阻。两个电阻值与电池板内部材料有关。

由于式(3-3) 中 R_S 很小，R_{sh} 很大，可以忽略，所以得到式(3-4) 和式(3-5)：

$$I_L=I_{SC}-I_{D0}(e^{\frac{qU_L}{AKT}}-1) \qquad (3-4)$$

$$U_L=\frac{AKT}{q}\ln\left(\frac{I_{SC}-I_L}{I_{D0}}+1\right) \qquad (3-5)$$

从式(3-4) 和式(3-5) 得，光伏电池输出电压和电流主要受辐照度和温度影响。短路实验，$R_L=0$ 时，输出电流 I_L 等于 I_{SC}；开路实验，即 $R_L\to\infty$ 时，可测得电池两端电压为 U_{OC}。

光伏电池的开路电压为式(3-6) 所示：

$$U_{OC}=\frac{AKT}{q}\ln\left(\frac{I_{SC}}{I_{D0}}+1\right)\approx\frac{AKT}{q}\ln\left(\frac{I_{SC}}{I_{D0}}\right) \qquad (3-6)$$

由上式可知，U_{OC} 与光伏电池的辐照度和温度有关，与温度成反比。

按工程计算方法，可将式(3-4) 转换为式(3-7)：

$$I_L=I_{SC}\left[1-C_1(e^{\frac{U_L}{C_2U_{OC}}}-1)\right] \qquad (3-7)$$

在开路状态，输出电流为 0，电压为 U_{OC}；光伏电池最大功率时，输出电流为 I_m，输出电压为 U_m。解得：

$$\begin{cases} C_1=\left(1-\dfrac{I_m}{I_{SC}}\right)e^{\frac{-U_m}{C_2U_{OC}}} \\ C_2=\left(\dfrac{U_m}{U_{OC}}-1\right)\left[\ln\left(1-\dfrac{I_m}{I_{SC}}\right)\right]^{-1} \end{cases} \qquad (3-8)$$

考虑辐照度和温度变化，光伏电池输出特性公式为式(3-9)。

$$\begin{cases} I_L = I_{SC}\left[1 - C_1\left(e^{\frac{U_L - DU_L}{C_2 U_{OC}}} - 1\right)\right] + DI_L \\ DI = \alpha \cdot R/R_{ref} \cdot DT + (R/R_{ref} - 1) \cdot I_{SC} \\ DU = -\beta \cdot DT - R_S \cdot DI \\ DT = T - T_{ref} \end{cases} \tag{3-9}$$

式中，D 为开空占空比；R_{ref} 为辐照度参考值，一般取 $1000\mathrm{W/m^2}$；T_{ref} 为光伏电池温度参考值，25℃；α 为电流变化温度系数，A/℃；β 为电压变化温度系数，V/℃。

在最大功率点和开路状态可分别求出 C_1 和 C_2，从上面数学模型中，可确定光伏电池在参考辐度 $R_{ref} = 1000\mathrm{W/m^2}$ 和温度 $T_{ref} = 25℃$ 下的 I-U 及 P-U 特性曲线。通过 MAT-LAB/SIMULINK 仿真模型，可以得到任意的辐照度 S 和光伏电池温度 T 下的特性曲线。

3.1.2　光伏组件与阵列模型

太阳能电池单元是光伏电池的最小单位，其工作电压一般只有 $0.5\sim1.0\mathrm{V}$，输出功率小。为了满足实际应用的功率需求，太阳能电池板生产厂家一般会把太阳能电池单元进行串并联组合和封装，形成光伏组件，其功率达到几十瓦到两三百瓦，可以单独进行使用。

建立光伏组件的模型时，一般设定组件内所有电池单体的特性一致，如图 3-3 所示，组件的电流为并联单体电池电流之和，电压为串联单体电池电压之和，因此其 I-U 特性和单体电池一致。

光伏支路是指组件的串列，也称为组串。为了防止支路电压过低时电流倒流，对电池造成损坏，支路串联阻塞二极管。图 3-4 为光伏单支路结构图，采用 4 个光伏组件 M_1、M_2、M_3、M_4 串联构成；VD_b 为阻塞二极管，$VD_1 \sim VD_4$ 为旁路二极管。

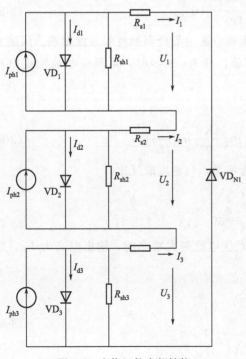

图 3-3　光伏组件内部结构

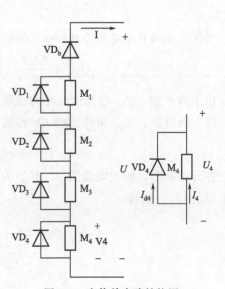

图 3-4　光伏单支路结构图

光伏阵列是根据实际负载容量大小的要求,由一系列的组件串、并联形成的。它具有较大的输出功率,常应用于地面光伏电站或者屋顶光伏系统。常见的串并联连接方式的光伏阵列如图 3-5 所示。

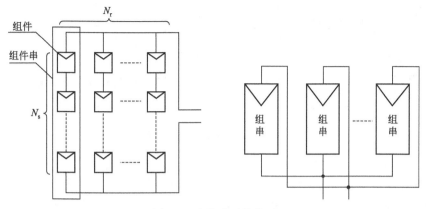

图 3-5　光伏阵列结构图

3.1.3　太阳能电池结温和日照强度对太阳能电池输出特性的影响

由式(3-10):

$$U_d \times D = \sqrt{\dot{U}_{ac}^2 + (\omega L \dot{I}_L)^2} \cdot \sin(\omega t + \varphi) \tag{3-10}$$

和等效电路可知日照强度和电池结温是影响太阳能电池阵列功率输出最重要的参数,太阳能电池结温的变化依赖于日照强度,如图 3-6 和图 3-7 所示。

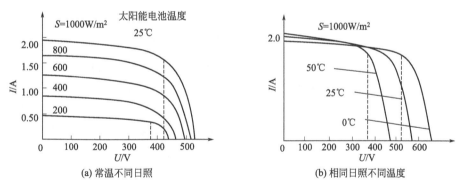

(a) 常温不同日照　　　　　　　　　(b) 相同日照不同温度

图 3-6　光伏电池的伏安特性

如图 3-6(a) 和图 3-7(a) 所示,太阳能光伏阵列的输出短路电流 I_{sc} 和最大功率点电流 I_m 随日照强度的上升而增大,但日照的变化对阵列的输出开路电压 U_{oc} 影响不是那么大,其最大功率点电压 U_m 变化也不大。如图 3-6(b) 和图 3-7(b) 所示,温度对太阳能光伏阵列的输出电流影响不大,短路电流 I_{sc} 随温度升高而微微增加,但对输出开路电压 U_{oc} 影响较大,温度上升将使太阳能电池开路电压 U_{oc} 下降,而且随温度升高几乎是线性地降低,总体效果会造成太阳能电池输出功率下降。注意这里是指太阳能电池结温的变化,而不是指环境温度的变化。光伏厂商生产的组件一般给出标准测试条件(光照为 $1000\mathrm{W/m^2}$,温度为 25℃,频谱为 1.5)下太阳能电池板的短路电流 I_{scn}、开路电压 U_{ocn}、最大功率点电压 U_{mp}、最大功率点电流 I_{mp} 等参数。

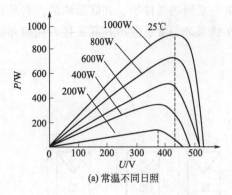
(a) 常温不同日照

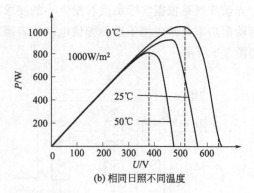
(b) 相同日照不同温度

图 3-7　光伏电池的伏瓦特性

太阳能电池的几个重要技术参数:

① 短路电流 (I_{sc}): 在给定日照强度和温度下的最大输出电流。I_{sc} 的值与太阳能电池的面积大小有关, 面积越大, I_{sc} 值越大。对于同一块太阳能电池来说, 其 I_{sc} 值与入射光的辐照度成正比, 当电池结温升高时, I_{sc} 值略有上升。

② 开路电压 (U_{oc}): 在给定日照强度和温度下的最大输出电压。U_{oc} 的大小与入射光谱辐照度的对数成正比, 而与电池的面积无关, 当结温升高时, U_{oc} 值将下降。

③ 最大功率点电流 (I_m): 在给定日照强度和温度下对应于最大功率点的电流。

④ 最大功率点电压 (U_m): 在给定日照强度和温度下对应于最大功率点的电压。

⑤ 最大功率点功率 (P_m): 在给定日照强度和温度下太阳能电池阵列可能输出的最大功率, $P_m = U_m \cdot I_m$。当结温升高时, 太阳能电池总的输出功率会下降, 而日照强度增强则会增大电池的功率, 但是它也会增大电池的结温。

3.1.4　太阳能光伏阵列输出功率最大点

根据以上内容的分析可知, 光伏电池极不稳定, 光伏电池的输出特性受光照强度及环境温度影响很大, 具有明显的非线性特征, 因此仅在某一电压下才能输出最大功率, 为了充分利用太阳能, 增大光伏电池的输出功率, 应该在光伏电池电路中加入相应的控制模型和策略方法, 使光伏阵列在辐照度和温度改变时仍能获得最大功率输出, 由以往的经验可知, 采用 MPPT (Maximum Power Point Tracking) 策略可以提高发电量的5%~20%。

图 3-8 为在工作条件下光伏电池的工作点示意图, 曲线代表输出的 I/U 特性, 直线代表负载电阻的 I/U 特性, 两线的交点即光伏电池的工作点。

由图 3-8 可知, 当工作在最大功率点时, 光伏电池与所加负载的阻抗相匹配, 此时光伏电池的输出功率达到最大。当日照强度和环境温度变化时, 光伏电池的输出电压和电流成非线性关系变化, 其输出功率也随之变化, 而且当光伏电池应用于不同的负载时,

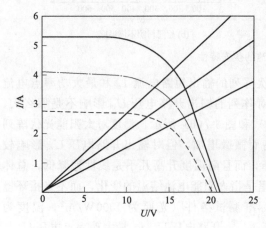

图 3-8　光伏电池的工作点

由于光伏电池输出阻抗与负载阻抗不匹配，也会使得光伏系统的输出功率不能达到最大值，解决这一问题的有效方法是在光伏电池输出端与负载之间加入开关变换电路（DC/DC），利用开关变换电路对阻抗的变换原理，使得负载的等效阻抗跟随光伏电池的输出阻抗，从而使光伏电池的输出功率最大，图 3-9 为其电路原理图。

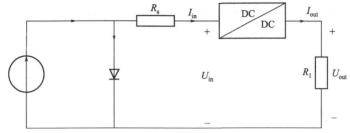

图 3-9　带有 DC/DC 变换装置的光伏发电系统

目前 MPPT 算法很多，常用的 MPPT 法是扰动观察法和增量电导法。扰动法主要就是不断地给光伏电池输出电压施加小扰动，并测量输出功率，比较扰动前后输出功率的变化，判断方向，输出功率比以前大，继续加正扰动，输出功率变小，加负扰动。这里采用扰动观察法，该法计算量小，容易实现。

扰动观测法分为逆变器输入参数和逆变器输出参数两种。输入参数是指光伏电池输出电压和电流，采集电压和电流后，计算输出功率，加小扰动，判断输出功率变换；输出参数是指逆变器输出功率，本书选择是逆变器输入参数的扰动观测法，图 3-10 是扰动观测法流程图。

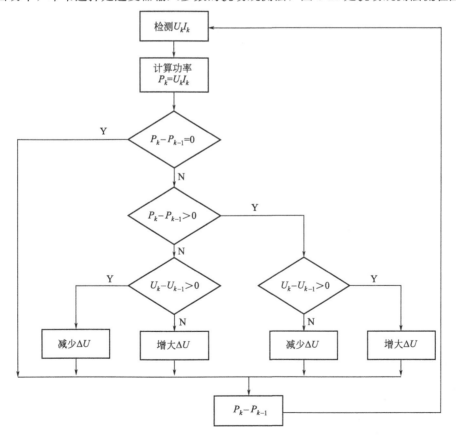

图 3-10　扰动观测法流程图

3.1.5　光伏电池升压控制

光伏阵列输出电压一般比较低，并且为了实现光伏电池最大功率输出，光伏阵列首先进行直流电压变换，然后经过逆变器输出交流电。直流变换一般采用 Boost 斩波电路，它可以保证光伏发电系统连续运行，降低成本。Boost 电路控制，如图 3-11 所示。图中，C_{pv} 为直流电容器，功能是降低光伏电池输出的谐波；C_{dc} 为直流储能电容，功能是电压支撑和储能；I_{pv} 采集电池输出电流；U_{pv} 采集电池输出电压。

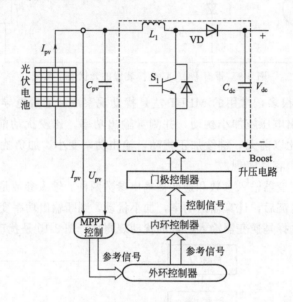

图 3-11　Boost 电路控制

3.1.6　光伏电池仿真

光伏阵列在太阳辐射强度为 $1000W/m^2$，温度为 25℃ 的标准条件下，光伏单元模型参数见表 3-1。

表 3-1　光伏单元仿真参数

参 数 名 称	参数值
最大功率	8kW
开路电压	708V
短路电流	14.88A
最大功率点电压	576V
最大功率点电流	13.88A
短路电流温度效应系数	0.015
开路电压温度系数	0.7

根据上面数学公式和参数，在 SIMULINK 中搭建光伏电池的仿真模型图如图 3-12 所示，图 3-13 为光伏电池 MPPT 仿真图。

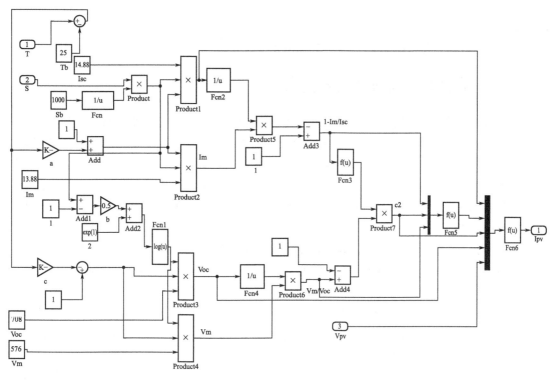

图 3-12　光伏电池仿真图

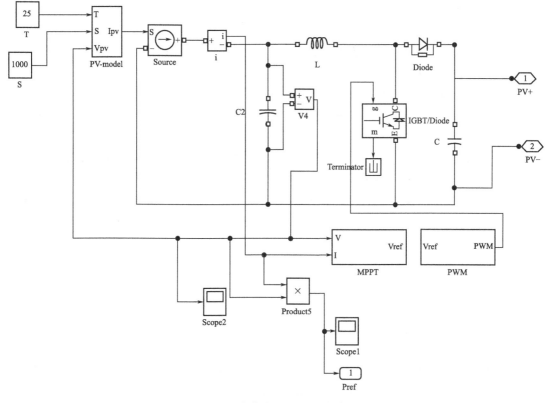

图 3-13　光伏电池 MPPT 仿真图

3.2 光伏电池 MPPT 装置的设计

3.2.1 光伏电池 MPPT 装置结构

由上分析可知，太阳能电池的开路电压和短路电流在很大程度上受日照强度和温度的影响，系统工作也会因此飘忽不定，这必然导致系统效率的降低。为此，太阳能电池必须实现最大功率点跟踪控制，以便电池在当前日照下不断获得最大功率输出。

在光伏并网系统中，光伏电池 MPPT 装置结构采用 DC/DC 电路，最大功率点跟踪功能的实现是在 DC/DC 级。将该级作为光伏电池的负载，通过改变占空比来改变其与光伏电池输出特性的匹配。

按 DC/DC 变换电路的功能分类，有降压式变换电路（Buck Converter），升压式变换电路（Boost Converter），升降压式变换电路（Boost-Buck Converter），库克式变换电路（Cuk Converter）等。

由于 Buck 电路的输入工作在断续状态下，若不加入储能电容，则光伏电池的工作时断时续，不能处于最佳工作状态，加入了储能电容后，Buck 电路功率开关断开时光伏电池对储能电容充电，这使光伏电池始终处于发电状态，此时调节 Buck 电路占空比才能有效跟踪最大功率点，因此储能电容对于利用 Buck 电路实现 MPPT 功能是必不可少的，然而在大负荷情况下，储能电容始终处于大电流充放电的状态，对其可靠工作不利，同时由于储能电容通常为电解电容，这增大了装置的体积，使整个系统变得笨重。另外就是后级 DC/AC 电路为了能得到正常的输入工作电压，前级的输出电压不能太低，而光伏电池的电压随着日照等因素变动较大，其输出电压低时如果通过用 Buck 电路再降压，则逆变级无法正常工作，所以不选用 Buck 降压电路。

相比之下，Boost 变换器可以始终工作在输入电流连续的状态下，只要输入电感足够大，则电感上的纹波电流可以小到接近平滑的直流电流，因此只需加入容量较小的无感电容甚至不加电容，这避免了加电容带来的种种弊端。同时，Boost 电路也非常简单，且由于功率开关管一端接地，其驱动电路设计更为方便。且由于分布式光伏阵列的直流电压一般从 $170 \sim 300\text{V}$，为了便于下一级的 DC/AC 有着更好的逆变效率，在这里应考虑用 Boost 升压电路。Boost 电路的不足之处是其输入端电压较低。在同样功率下，输入电流较大，因而会带来较大的线路损耗。但 Boost 电路具有独特的优点，仍然是一种吸引人的方案。电路如图 3-14 所示。

图 3-14 为 Boost 变换器的基本电路。假设电路中所有元件均为理想元件。电路的输入到输出的过程无功率损耗。当功率开关 S 导通时，输入电压对电感 L 充电，L 中电流上升；当 S 关断后，电感 L 开始放电，电感两端电压与输入电源的电压叠加，使输出端产生高于输入端的电压。Boost 电路输入输出的电压关系为：

$$U_o = U_{in}/(1-D) \tag{3-11}$$

在所描述的 MPPT 系统中，由于 Boost 变换器的负载为电解电容，输出电压 U_o 的值将被钳位于电解电容两端的电压上。由于输入端电压最高为光伏电池的开路电压 U_{oc}，而 $U_{oc} < U_o$，如果 D 值过小，由式（3-11）可知，Boost 电路在输出端产生的电压将会小于电解

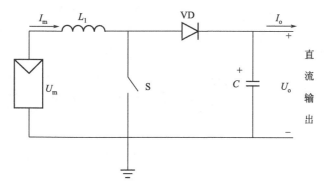

图 3-14 Boost 变换器的电路

电容两端的电压，从而无法对电容充电。因此存在一个 D 的下限值 D_{min}，在 $D > D_{min}$ 的情况下，光伏电池才能对电容的充电电流产生影响。该值可按下列方法求出。设输入端电压为光伏电池的开路电压 U_{oc}，则由式(3-11) 可得：

$$U_o = U_{oc}/(1-D_{min}) \tag{3-12}$$

由上式可得：

$$D_{min} = 1 - U_{oc}/U_o \tag{3-13}$$

当 D 在 $D_{min} \sim 100\%$ 的区间内变化时，Boost 电路输入输出端的电压应满足式(3-11)，在 U_o 不变的情况下，改变 D 将改变与 Boost 变换器输入端相连的光伏电池两端的电压。由此可得：

$$U_{in} = U_o(1-D) \tag{3-14}$$

因此，Boost 电路的输入端电压 U_{in} 可在 $0 \sim U_{oc}$ 之间变化。只要光伏电池具有合适的开路电压，通过改变 Boost 变换器的 D，就能找到与光伏电池最大功率点对应的 U_{in} 值，此时光伏电池输出功率最大。另外，在常规电网下利用 Boost 变换器对电容充电时，若占空比过大而输出滤波电容较小，则会产生脉动很大的充电电流，影响电容的寿命。但光伏系统输出的功率有一上限值，因此电容的最大充电电流也有一上限值，在选择输出滤波电容 C 时，只需保证其在功率开关导通期间能够供给最大功率时的负载电流即可。

3.2.2 MPPT 装置

3.2.2.1 系统结构

图 3-15 为 MPPT 装置的系统框图。光伏电池阵列通过 Boost 电路对电容充电。系统通过 MPPT 控制器寻找出光伏电池最大功率点，给出控制信号，通过 PWM 驱动电路调节 Boost 变换器的占空比 D，改变 Boost 变换器的输入电压 U_{in}，使其与光伏电池阵列最大功率点所对应的电压相匹配，从而使光伏电池阵列始终输出最大功率，充分利用太阳能。系统中 MPPT 控制器由 DSP 系统实现控制，A/D 转换为 10 位精度，PWM 驱动电路以光耦 HCPL-4504 为主构成，设计为互锁形式的驱动电路。

3.2.2.2 最大功率跟踪装置关键参数的设计

系统中最大功率跟踪的过程实际上是一个光伏电池功率自寻优的过程。Boost 电路具体参数设计包括储能电感 L、输出电容 C、二极管 VD 和开关管 Q 的设计。储能电感 L 的设计有两个基本要求：一是尽量能使 Boost 电路工作在电流连续模式（Continuous Current

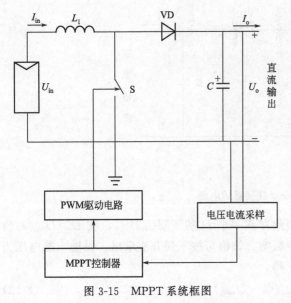

图中文字：

I_{in} L_1 VD I_o

U_{in} S C U_o 直流输出

PWM驱动电路　　电压电流采样

MPPT控制器

图 3-15　MPPT 系统框图

Mode，CCM），二是电感电流的波动尽可能小，以减小 Boost 电路功率管开关过程对光伏器件最大功率点控制的影响。

如图 3-15 所示，设 U_{in}、U_o 分别表示 Boost 电路的输入、输出电压，方向为从上到下，I_{in} 表示流过电感 L 的电流，方向从左向右，I_i、I_o 分别表示输入、输出电流平均值，方向均为从左向右，开关周期为 T，D，$D2$ 分别表示功率管的导通占空比、关断占空比。

$$I_i \geqslant \frac{\Delta I_{in}}{2} = \frac{U_{in}DT}{2L} \Rightarrow L \geqslant \frac{U_{in}DT}{2I_i} \tag{3-15}$$

根据 Boost 电路输入输出功率守恒可得：

$$U_{in} \times I_i = U_o \times I_{omin} \tag{3-16}$$

由式(3-15)、式(3-16) 联立并消去 I_i 可知：

$$L \geqslant \frac{U_{in}^2 DT}{2U_o I_{omin}} \tag{3-17}$$

又因为

$$U_{in} = (1-D)U_o \tag{3-18}$$

所以

$$L \geqslant \frac{U_o TD_{min}(1-D_{min})^2}{2I_{omin}} \tag{3-19}$$

根据电路要求，开关频率 $f = 20\text{kHz}$，最小输出电流 $I_{omin} = 0.5\text{A}$，则

$$U_{omin} = U_{inmax}\frac{1}{1-D_{min}} \Rightarrow D_{min} = 1 - \frac{U_{inmax}}{U_{omin}} = 1 - \frac{300}{340} \approx 0.12 \tag{3-20}$$

将上述数据代入式(3-19) 可得：

$$L \geqslant \frac{U_o TD_{min}(1-D_{min})^2}{2I_{omin}} = \frac{400 \times 50 \times 10^{-6} \times 0.12 \times (1-0.12)^2}{2 \times 0.5} = 0.00186\text{H} = 1.86\text{mH} \tag{3-21}$$

考虑到裕量和可能要上更大的功率及尽量减小纹波电流等因素，实际取 2.0mH，耐流值 15A。实验结果表明电感电流波动很小，工作稳定可靠。

Boost 电路输出电容 C 的设计主要是根据输出电压要求的纹波大小来确定。电感电流连续模式下，为保证负载上得到平直直流电流，考虑到二极管电流 i_{VD}（方向同 I_o，平均电流记作 I_{VD}）的纹波电流会全都流进电容器 C。因此纹波电压 ΔV_o 可表示为：

$$\Delta U_o = \frac{\Delta Q}{C} = \frac{I_{VD}DT}{C} = \frac{I_o DT}{C} \Rightarrow C = \frac{DT}{\Delta U_o}I_o \tag{3-22}$$

由于光伏阵列输入短路电流不超过 9A，故

$$I_{omax} = I_{imax} \times (1-D_{min}) = 9 \times (1-0.12) = 7.92\text{A} \tag{3-23}$$

$$U_{omax} = U_{inmin}\frac{1}{1-D_{max}} \Rightarrow D_{max} = 1 - \frac{U_{inmin}}{U_{omax}} = 1 - \frac{170}{450} \approx 0.62 \tag{3-24}$$

设纹波电压 $\Delta U_o = 200\text{mV}$，并把上述数据代入式(3-22) 可得：

$$C=\frac{D_{\max}T}{\Delta U_o}I_{o\max}=\frac{0.62\times50\times10^{-6}}{0.2}\times7.92=1227.6\mu F \tag{3-25}$$

考虑到裕量，实际工作中选择 4 个并联的 $560\mu F/450V$ 的电解电容作为输出电容 C，同时输出端并联了 1 个 $1.0\mu F$ 无感吸收电容，以增强吸收高频分量的能力。

二极管 VD 和功率管 Q 采用 IPM 模块内部集成好的二极管和 IGBT，其可以承受 50A 电流，600V 电压。此型号 IPM 为五单元 IPM，即内部集成了五个 IGBT，功能包含了斩波和逆变，即可以同时实现 Boost 升压和逆变，IPM 内部结构如图 3-16 所示（忽略了内部的 IGBT 集成驱动电路），控制脚为 1~19 脚，WN 脚（18 脚）控制寻找最大功率点。

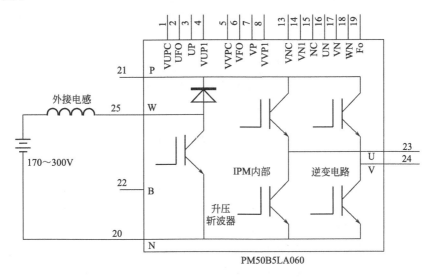

图 3-16　IPM 框图

实验证明，当占空比增加到一定程度后，输出电压反而会下降，这是由于 Boost 电路中元器件的寄生电阻（如电感寄生电阻、电容寄生电阻等）所引起的。实际应用中必须限制最大占空比，一般控制在导通占空比 $D<0.88$，控制线路电压产生一个下垂特性，以保证系统的稳定性。

3.3　光伏电池 MPPT 算法

3.3.1　最大功率跟踪常用方法

3.3.1.1　电压回馈法

电压回馈法是最简单的一种最大功率跟踪法，其可包含固定参考电压法及可变参考电压法，分别如图 3-17 和图 3-18 所示。经由事先测试的结果，我们可得知太阳能电池板在某一日照强度下的最大功率点的电压大小，此方法是调整太阳能电池板的端电压，使其能与事先测试的电压相符，来达到最大功率点追踪的效果。不过，此控制方法的最大缺点是当大气条件大幅改变时，系统不能自动地追踪太阳能电池板的另一最大功率点，因此造成能量的损耗。

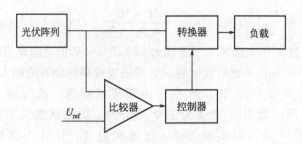

图 3-17   固定参考电压法框图

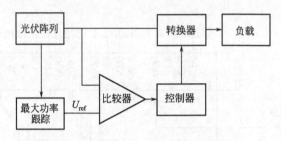

图 3-18   可变参考电压法框图

3.3.1.2   功率回馈法

功率回馈法和电压回馈法类似,如图 3-19 所示,由于电压回馈法无法在瞬息万变的大气条件下自动追踪最大功率点,因此功率回馈法加入输出功率对电压变化率的逻辑判断,以便能因大气的变化而达到最大功率点追踪。由图 3-19 可以看出,当 $dP/dU = 0$ 时,即为太阳能电池板的最大功率点,配合控制流程即可动态地追踪光伏电池在不同日照强度和温度下的最大功率点。相对于电压回馈法而言,此方法虽较为复杂且需较多的运算过程,但其减少能量损耗及提升整体效率的效果却是非常显著的。

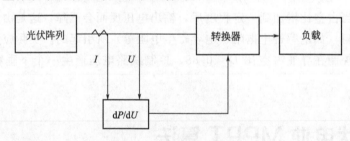

图 3-19   功率回馈法框图

3.3.1.3   扰动观察法

扰动观察法又称爬山法,如图 3-20 所示,由于其结构简单,且需要测量的参数较少,所以它被普遍地应用在光伏电池板的最大功率追踪上。周期性地增加或减小负载的大小,以改变光伏电池板的端电压及输出功率,并观察、比较负载变动前后的输出电压及输出功率的大小以决定下一步的增减动作。假使输出功率较变动前大,则将负载继续朝同一方向变动;反之,若输出功率较变动前小的话,则表示我们需要在下一周期改变负载变动的方向。如此反复地扰动、观察及比较,使光伏电池阵列达到最大功率点,这就是扰动观察法的基本原理。

然而此方法是凭借不断变动光伏电池阵列的输出电压及输出功率来追踪最大功率点的,

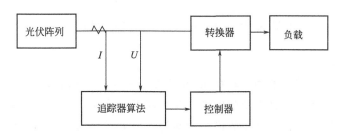

图 3-20　扰动观察法框图

当达到最大功率点（P_{max}）附近之后，其扰动并不会停止，而会在 P_{max} 左右振荡，因此造成能量损失，并降低太阳能电池阵列的效率。尤其是在大气环境变化缓慢时，能量损耗的情况更为严重，此为扰动观察法的最大缺点。虽然我们可以缩小每次扰动的幅度，以降低在 P_{max} 处的振荡幅度来减少能量损失，不过当温度或日照强度有大幅度变化时，这种做法会使追踪到另一最大功率点的速度变慢，此时将有大量的能量被浪费掉，因此当我们采用扰动观察法时，扰动幅度的大小就需由使用者做一取舍。

3.3.1.4　增量电导法

增量电导法，如图 3-21 所示，也是应用较多的一种求最大功率点的方法，它的基本思路与功率回馈法是相同的，其出发点为 $dP/dU=0$ 这个逻辑判断式，其中的功率（P）可以由电压（U）与电流（I）表示，而将 $dP/dU=0$ 改写成：

$$\frac{dP}{dU}=\frac{d(IU)}{dU}=I+U\frac{dI}{dU}=0$$

将上式整理后可得

$$\frac{dI}{dU}=-\frac{I}{U} \tag{3-26}$$

在上式中 dI 表示增量前后测量到的电流差值；同理，dU 表示增量前后测量的电压差值。因此，凭借测量增量（dI/dU）与瞬间光伏电池的电导值（I/U），可以决定下一次的变动，当增量值与电导值符合式(3-25)的要求时，表示已达到最大功率点，即不进行下一次扰动，此即为增量电导法的基本工作原理。

虽然电导增量法仍然是以改变光伏电池输出的电压来达到最大功率点（P_{max}）的，但是凭借着修改逻辑判断式来减少在 P_{max} 点附近的振荡现象，使其更能适应瞬息万变的大气环境。就理论上而言，此法的理论推导是完美的，但当检测电路无法达到非常精密的测量时，其误差是不可避免的，因此式(3-26)发生的几率是很小的，这意味着此法在实际应用时仍有很大的误差存在。由此可见，扰动观察法与电导增量法可说是，差别仅在于逻辑判断与测量参数的取舍。

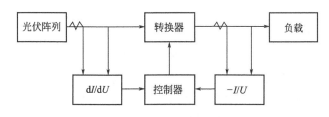

图 3-21　电导增量法框图

3.3.2 其他非线性控制策略的 MPPT 控制方法

(1) 模糊逻辑控制

模糊逻辑控制法是基于模糊逻辑的 MPPT 控制方法。模糊逻辑是一类人工智能，基于模糊逻辑的控制算法通常称之为模糊控制，其实现可以分为以下 3 个步骤：模糊化、控制规则评价和解模糊。模糊逻辑控制器的输入通常为误差 E 和误差变化量 ΔE。由于在最大功率点处 dP/dU 为 0，因此在光伏系统中其输入变量 E 与 ΔE 可以用以下两式确定：

$$\begin{cases} E(n) = \dfrac{P(n) - P(n-1)}{U(n) - U(n-1)} \\ \Delta E = E(n) - E(n\text{-}1) \end{cases} \tag{3-27}$$

式中，$P(n)$、$U(n)$ 分别为光伏阵列的输出功率和输出电压。由此可知，光伏阵列工作在最大功率点时，误差量 $E(n)$ 为 0。有些文献中提出了误差 E 和误差变化量 ΔE 的其他确定方法，例如根据最大功率点处 dP/dI 为 0 也可以得出类似的表达式。

模糊控制最大的特点是将专家经验和知识表示成语言控制规则，然后用这些规则去控制系统，模糊逻辑控制跟踪迅速，达到最大功率点后基本没有波动，即具有较好的动态和稳态性能。但是定义模糊集、确定隶属函数的形状以及规则表的制定这些关键的设计环节需要设计人员更多的直觉和经验。

(2) 神经网络法

神经网络法是基于神经网络的 MPPT 控制方法。神经网络是一种新型的信息处理技术，一个最普通和常用的多层神经网络结构如图 3-22 所示。图中网络有 3 层神经元：输入层、隐含层和输出层。其中层数和每层神经元的数量由待解决问题的复杂程度确定。根据每层神经元的个数将该网络定义为 2-5-1 网络。应用于光伏阵列时，输入信号可以是光伏阵列的参数例如开路电压 U_{oc}、短路电流 I_{sc} 或者外界环境的参数例如光照强度和温度，亦可以是上述参数的合成量。输出信号可以是经过优化后的输出电压、变流器的占空比信号等。

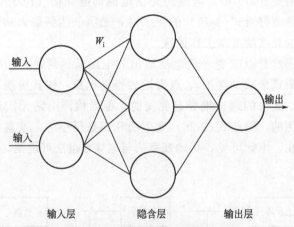

图 3-22　多层神经网络结构

在神经网络中各个节点之间都有一个权重增益 W_{ij}，选择恰当的权重可以将输入的任意连续函数转换为任意的期望函数来输出，从而使光伏阵列能够工作于最大功率点。为了获得光伏阵列精确的最大功率点，权重的确定必须经过神经网络的训练来得到。这种训练必须使用大量的输入/输出样本数据，而大多数的光伏阵列的参数不同，因此对于使用不同的光伏阵列的系统需要进行有针对性的训练，而这个训练过程可能要花费数月甚至数年的时间，这也是其应用于光伏系统中的一个劣势。在训练结束后，基于该网络不仅可以使输入输出的训练样本完全匹配，而且内插和一定数量的外插的输入输出模式也能达到匹配，这是简单的查表功能所不能实现的，也是神经网络法的优势所在。

（3）单周控制法（OCC）

图 3-23 所示为采用单周控制法的光伏阵列最大功率跟踪控制电路。单周控制器由一个可重置的积分器、一个比较器，一个 RS 触发器和其他的线性元件构成。

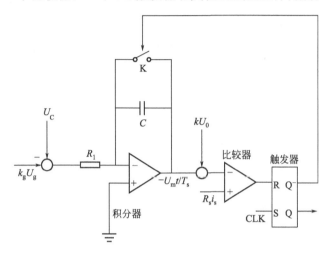

图 3-23　采用 OCC 控制 MPPT 控制器

光伏阵列的输出功率 P_o 可以用光伏阵列输出电压 P_g、光伏阵列并网电压有效值 U_o、采样电阻 R_s、触发器的时钟周期 T_s 以及单周控制的参数来表示。输出功率 P_o 和光伏阵列输出电压 U_g 的关系为：

$$P_o = \frac{U_o^2}{R_s}\left(K + \frac{K_g T_s}{R_1 C_1} - \frac{U_c T_s}{U_g R_1 C_1}\right) \tag{3-28}$$

上式通过对 K、K_g、U_c、R_1、C_1 这 5 个单周控制的参数进行协调选择，逆变器输出功率就可以通过光伏阵列输出电压的值得到调整从而实现光伏阵列最大功率点的跟踪并且向电网输入单位功率因数的正弦电流。采用单周控制可以避免传统光伏系统的两级功率转换，采用一个单位功率电路和一个单周控制器相结合实现两种功能：最大功率点跟踪和直流/交流转换。

（4）滑模控制法

滑模控制的原理是利用控制的不连续性，依靠其高频转换强制闭环系统到达并保持在所设计的滑动面上。系统的控制规则可概括描述如下，可取控制器的控制量：

$$u = \begin{cases} 0, S \geqslant 0 \\ 1, S < 0 \end{cases} \tag{3-29}$$

切换函数：

$$S = \frac{\partial P}{\partial U} = \frac{\partial I}{\partial U}U + I \tag{3-30}$$

式中，u 为控制太阳能电池输出能量的功率开关器件的开关函数，当 u 为 1 时表示开关器件导通，当 u 为 0 时表示开关器件断开。对于其建立的系统及切换函数式，可以使系统从任何初始状态出发，最终稳定于切换函数 $S=0$ 处。

采用滑模控制法可以使光伏系统的跟踪速度得到明显的改善，但是开关器件调制深度的变化步长及 u 的选择会影响系统跟踪的动态和稳态特性，当 u 增大时跟踪速度可以加快，但此时光伏阵列输出功率和电压的波动也会增大。

3.3.3 具有稳定性和快速性的 MPPT 算法研究

将在基本解析表达式(3-2) 的基础上，通过两点近似，即：

① 忽略 $(U+IR_s)/R_{sh}$ 项，这是因为在通常情况下该项远小于光电流；

② 设定 $I_{ph}=I_{sc}$，这是因为在通常情况下 R_s 远小于二极管正向导通电阻，并定义在：

a. 开路状态下，$I=0$，$U=U_{oc}$；

b. 最大功率点，$U=U_m$，$I=I_m$。

的条件下建立太阳能电池的工程用模型。

将式(3-3) 简化为

$$I=I_{sc}(1-\lambda_1\{\exp[U/(\lambda_2 U_{oc})]-1\}) \tag{3-31}$$

在最大功率点时，$I=I_m$，$U=U_m$，可得

$$I_m=I_{sc}(1-\lambda_1\{\exp[U_m/(\lambda_2 U_{oc})]-1\}) \tag{3-32}$$

在常温条件下 $\exp[U_m/(\lambda_2 U_{oc})]\gg1$，可以忽略式(3-32) 中的 -1 项，化简整理得

$$\lambda_1=\left(\frac{I_{sc}-I_m}{I_{sc}}\right)\exp[-U_m/(\lambda_2 U_{oc})] \tag{3-33}$$

开路状态下 $I=0$，$U=U_{oc}$，把式(3-33) 代入到式(3-31)，得

$$0=I_{sc}\left\{1-\left(\frac{I_{sc}-I_m}{I_{sc}}\right)\exp[-U_m/(\lambda_2 U_{oc})]\cdot[\exp(1/\lambda_2)-1]\right\} \tag{3-34}$$

由于 $\exp(1/\lambda_2)\gg1$，可以忽略上式中的 -1 项，化简整理得

$$\lambda_2=(U_m/U_{oc}-1)[\ln(1-I_m/I_{sc})]^{-1} \tag{3-35}$$

本模型只需要输入太阳能电池通常的技术参数 I_{sc}、U_{oc}、I_m、U_m，就可以根据式(3-32)、式(3-35) 得出 λ_1 和 λ_2。然后经实验测定不同光照下的 I_{sc}、U_{oc}，最后由式(3-31) 就可确定太阳能电池在不同光照下的伏安特性。

下面是最大功率点的计算：

将式(3-31) 变换得：

$$I=I_{sc}-\lambda_1 I_{sc}\{\exp[U/(\lambda_2 U_{oc})]-1\} \tag{3-36}$$

由于 $\exp[U/(\lambda_2 U_{oc})]\gg1$，可以忽略上式中的 -1 项，化简整理得：

$$I=I_{sc}-\lambda_1 I_{sc}\{\exp[U/(\lambda_2 U_{oc})]\}$$

整理得：

$$U=\lambda_2 U_{oc}\ln\frac{I_{sc}-I}{\lambda_1 I_{sc}} \tag{3-37}$$

则太阳能电池的输出功率为

$$P=UI=\lambda_2 U_{oc}I\ln\frac{I_{sc}-I}{\lambda_1 I_{sc}} \tag{3-38}$$

P 对 I 求导得，

$$\frac{dP}{dI}=\lambda_2 U_{oc}\left(\ln\frac{I_{sc}-I}{\lambda_1 I_{sc}}-\frac{I}{I_{sc}-I}\right) \tag{3-39}$$

当 $I = I_m$ 时，$\dfrac{\mathrm{d}P}{\mathrm{d}I} = 0$，即

$$\lambda_2 U_{oc} \left(\ln \frac{I_{sc} - I_m}{\lambda_1 I_{sc}} - \frac{I_m}{I_{sc} - I_m} \right) = 0 \tag{3-40}$$

整理得：

$$\ln \frac{I_{sc} - I_m}{\lambda_1 I_{sc}} = \frac{I_m}{I_{sc} - I_m} \tag{3-41}$$

当 $U = U_m$ 时，代入式(3-37)，得

$$U_m = \lambda_2 U_{oc} \ln \frac{I_{sc} - I_m}{\lambda_1 I_{sc}}$$

代入式(3-41)，得

$$\frac{U_m}{\lambda_2 U_{oc}} = \frac{I_m}{I_{sc} - I_m}$$

整理得

$$U_m = \lambda_2 U_{oc} \frac{I_m}{I_{sc} - I_m} \tag{3-42}$$

由式(3-41) 和式(3-42) 计算可得 U_m 和 I_m，最大功率点 P_m 即可以通过计算得到。

对我们来说就是如何很好地去求 I_{sc}、U_{oc}。

通常地面上日射强度 S 的变化范围为 $0 \sim 1000\mathrm{W/m^2}$，太阳能电池的温度变化较大，变化范围为 $10 \sim 70\,℃$。

按标准，取 $S_{ref} = 1000\mathrm{W/m^2}$，$T_{ref} = 25\,℃$ 为参考日射强度和参考电池温度。当日射强度及电池温度 $S(\mathrm{W/m^2})$、$T(℃)$ 不是参考日射强度和参考电池温度时，必须考虑环境温度条件对太阳能电池特性的影响。设 T 为在任意日射强度 S 及任意环境温度 T_{air} 下的太阳能电池温度，根据大量实验数据拟合后，下式被证明具有工程意义上足够的精度

$$T(℃) = T_{air}(℃) + K_1(℃ \cdot \mathrm{m^2/W}) \cdot S(\mathrm{W/m^2}) \tag{3-43}$$

式中 K_1 可由实验测定 $T(S)$ 直线的斜率来确定。对于常见的太阳能电池阵列支架，可取

$$K_1 = 0.03(℃ \cdot \mathrm{m^2/W})$$

当测出电池温度 T 时，就可根据式(3-43)得到日照强度 S。

根据参考日照强度和参考电池温度下的 I_{sc}、U_{oc} 推算出新日照强度和新电池温度下的 I'_{sc}、U'_{oc}，

$$\Delta T = T - T_{ref} \tag{3-44}$$

$$\Delta S = \frac{S}{S_{ref}} - 1 \tag{3-45}$$

$$I'_{sc} = I_{sc} = \frac{S}{S_{ref}}(1 + a\Delta T) \tag{3-46}$$

$$U'_{oc} = U_{oc}(1 - c\Delta T)\ln(1 + b\Delta S) \tag{3-47}$$

推算过程中假定 I/U 特性曲线基本形状不变，系数 a、b、c 的典型值为

$$a = 0.0025/℃；b = 0.5；c = 0.00288/℃$$

可以通过式(3-46) 和式(3-47)，计算出电池温度 T 和日照强度 S 变化后的新的 I'_{sc} 和 U'_{oc}，进而代入式(3-41) 和式(3-42)，计算可得 U_m 和 I_m，从而可以近似求得当前电池温度

和光照下的最大功率点 P_m。

扰动观察法（又称为爬山法）就是在光伏阵列正常工作时，不断地对它的工作电压进行很小的扰动，在电压变化的同时，检测功率也发生变化，根据功率的变化方向，决定下一步电压改变的方向。

具有稳定性和快速性的 MPPT 算法的工作过程是：先根据太阳能电池通常的技术参数 I_{sc}、U_{oc}、I_m、U_m 计算出 λ_1 和 λ_2，然后测出当前电池温度 T，根据式(3-43)计算出当前日照强度 S，通过式(3-46)和式(3-47)计算出当前电池温度 T 和日照强度 S 时新的 I'_{sc} 和 U'_{oc}，进而代入式(3-41)和式(3-42)计算可得 U_m 和 I_m，计算出最大功率点 P_m 时，引入扰动观察。MPPT 变换器先扰动输入电压值 $(U_m + \Delta U)$，将测得的功率值 P_1 与系统前一时刻存储的功率值 P 相比较，根据比较结果确定参考电压的调整方向。具体的调整方案为：令 $\Delta P = P_1 - P$ 为当前输出功率与前一次功率之差。如果：①$\Delta P > 0$，即功率比上一次有所增大，说明参考电压的调整方向正确，继续按原来的方向调整；②$\Delta P < 0$，即输出功率比上一次小，说明参考电压的调整方向错误，需要改变原来的调整方向。可以进一步得到修正后的最大功率点 P_m，检测出此时太阳能电池的电流 I_m 和电压 U_m，结合 I'_{sc} 和 U'_{oc} 代入式(3-33)和(3-34)重新修正参数 λ_1 和 λ_2，再重新根据式(3-41)和式(3-42)计算 U_m 和 I_m，进而得到最大功率点 P_m。此时系统工作在当前电池温度 T 和光照 S 下的一条 I-U 曲线上，对应一组参数 λ_1 和 λ_2，当温度和光照变化时又工作在新的一条 I/U 曲线上，对应一组新的修正后的参数 λ_1 和 λ_2，去计算新的最大功率点 P_m。

前人对某晶体 Si 太阳能电池板身温度变化与开路电压和短路电流的关系进行了细致研究，在人工模拟太阳下固定光照强度，用探温设备测量电池板温度，同时记录电池板输出短路电流，利用相同方法记录开路电压，得出以下两条经验关系式：

$$\frac{dU'}{dT} = -2.3\,mV/℃, \quad \frac{dI'}{dT} = 0.107\,mA/℃$$

即电池温度每升高 1℃，开路电压减少 2.3mV，短路电流增加 0.107mA。

我们规定当达到最大功率点 P_m 时，不再继续扰动，在允许误差范围内算法还设置了一个阈值 ε，当最大功率在阈值 ε 内变化时认为 P_m 不变，阈值 ε 对应于电池温度 T 也有一个允许误差范围 ΔT，在这个范围变化我们认为最大功率点 P_m 不变。

阈值 ε 的计算：当我们求得最大功率点 P_m 时，此时的电池结温是 T，允许误差范围 ΔT 为 2℃，可以通过式(3-46)和式(3-47)计算出电池温度 T 和日照强度 S 变化后的新的 I'_{sc} 和 U'_{oc}，进而代入式(3-41)和式(3-42)计算可得 U_m 和 I_m，从而可以近似求得当前电池温度和光照下的最大功率点 P_m 允许的一个误差范围，也即阈值 ε，在这个范围变化我们认为最大功率点 P_m 不变。

如此不断地计算 P_m 和修正 λ_1 和 λ_2 就可以使不同电池温度和光照下的最大功率点 P_m 更加准确。

最大功率点稳定性和快速性的分析如下。

与扰动观察法的比较分析：扰动观察法就是在光伏阵列正常工作时，不断地对它的工作电压进行很小的扰动，在电压变化的同时，检测功率也发生变化，根据功率的变化方向，决定下一步电压改变的方向。

扰动观察法的优点是比较简单可靠，容易实现。它的一个缺点在于，系统必须引入扰动，寻优的最后结果是系统在最大功率点附近的很小范围内来回振荡，这会造成能量损失。

尤其是在大气环境变化缓慢时，能量损耗的情况更为严重，此为扰动观察法的最大缺点。

基于太阳能电池模型的 MPPT 算法（结合扰动观察）能够准确快速跟踪到 P_m，这是由算法本身决定的。它避免了在最大功率点附近因扰动造成的功率损失。系统一旦达到 P_m，将通过 CPU 指令不做任何电压调整，保持系统长期工作在该点上，直到外部环境发生变化。这与爬山法在最大功率点附近仍振荡不止有着本质区别，它避免了无谓的功率损失。

扰动观察法另一个缺点在于：当有云经过时，日照强度发生快速变化，参考电压调整方向有可能发生错误造成系统误判。

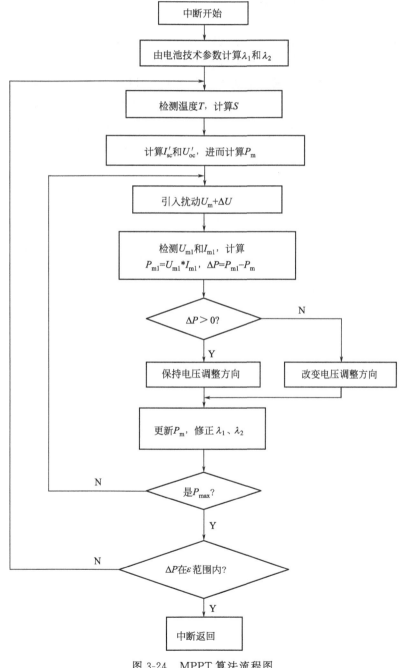

图 3-24　MPPT 算法流程图

基于太阳能电池模型的 MPPT 算法（结合扰动观察）当光强发生突变时，不盲目移动工作点待日照量稳定后再追踪。把这种情况（即天空有云遮挡）归入了系统已达到最大功率点的情况，两者做同样处理：不跟随日照量的快速改变而盲目调整工作电压，这避免了系统过快的振荡。此种处理会造成一小部分功率损失，但相对于整个系统稳定运转这是值得的。假设原来系统处于最大工作电压 U_{m1} 上，检测到的相应电流为 I_{m1}，日照突变后应达到的最大工作电压为 U_{m2}，相应电流为 I_{m2}，则系统不移动工作点造成的功率损失为 $P = P_{m2} - P_{m1} = U_{m2}I_{m2} - U_{m1}I_{m1}$，由于太阳很快恢复到原来的日照量，没改动的 U_{m1} 又成为最大工作电压，系统恢复原先稳定状态。这个过程以不变应万变，避免了爬山法对 P_m 的误判以及来回振荡现象。

基于太阳能电池模型的 MPPT 算法（结合扰动观察）较为复杂，为适应日照急剧变化在判断最大功率点时对电压、电流等参数检测和 A/D 转换速度要求较高，对系统硬件尤其对微处理器的控制提出了很高要求，增加了投资成本。但是由于采用软件控制，基于太阳能电池模型的 MPPT 算法减少了程序运行中的误判现象，即使在光照发生急剧变化时电压也只有较小晃动从而实现平稳跟踪。在跟踪稳定性上基于太阳能电池模型的 MPPT 算法比爬山法效果好，适用于光强变化较大的场合比如安装在多变气候地区的光伏系统。

图 3-24 为 MPPT 软件程序流程图。

第4章

并网逆变系统孤岛检测、绝缘检测与低电压穿越

4.1 孤岛效应的概念和国际标准

在并网发电系统中总是会面临这样的问题，并网发电系统会直接将直流电逆变后送到电网，这样一来就需要比较完善的保护措施，否则就会出现各种问题，甚至是大的事故。在系统工作时，可能出现以下情况：

① 功率器件驱动信号欠压；

② 功率器件过流；

③ 功率器件过热；

④ 太阳能电池阵列输出欠压；

⑤ 电网过压、欠压等一些常见的故障状态。

以上的这些故障，可以通过硬件电路比较容易地检测到，并可以用设计的软件加以判断，然后进行处理。此外还有一个关键问题是光伏并网发电系统特别需要考虑的，即孤岛效应的防止和对策，也就是一种特殊故障状态下的应对方案。

在电容器串联的电路里，与外电路相连接的有两个极板，且这有两个极板不是同一电容器的，当只有两个极板间有电流流动，其他极板的电荷总量不发生变化，这种现象就被称为孤岛。孤岛是一种电气现象，在电网系统中部分电网是完全由光伏系统来供电的，孤岛现象通常发生在这部分的电网和主电网断开瞬间。在国际光伏并网标准化的课题上这仍是一个争论点，因为孤岛会伤害电力公司维修人员的安全和损害供电的质量，在自动或手动重新闭合供电开关向孤岛电网重新供电时有可能会损坏设备，所以，逆变器通常会带有防止孤岛效应的装置。

孤岛效应是指当电力公司的供电因为各种原因（比如故障事故或停电维修等）出现停止供电时，停电状态并没有被各个太阳能并网发电系统及时地检测出，而是一如既往地继续向电网输电，这样一个电力公司无法掌控的自给供电孤岛就由太阳能并网发电系统和周围的负载一起构成了。

只要是分散式的发电系统，比如说燃料电池发电、风力发电等，或一般并联在市电的发电设备都会出现这种问题。通常，孤岛效应可能对整个配电系统设备及用户端设备造成的不

利影响主要包括以下几点：

    ① 电力公司输电线路维修人员的安全问题；

    ② 它会影响到配电系统上的保护开关的动作程序；

    ③ 当电力公司供电恢复时所造成的相位不同步的问题；

    ④ 电力孤岛区域所发生的供电电压与频率不稳定的现象；

    ⑤ 太阳能供电系统，如果是单相供电，那么会造成系统三相负载的欠相供电问题。

    由此可见，如果想要一个并网逆变装置安全可靠，那些装置必须能及时检测出孤岛效应并避免它所带来的危害。随着新能源技术的发展，光伏并网发电系统越来越多地要并联到电网，出现孤岛效应的概率也就越来越高。因此，必须寻求合适的方案，以便解决日趋严重的孤岛效应问题。电网断电的检测是防止孤岛效应的关键方法。

    通常，配电开关跳脱时，市电网路上的电压以及频率都发生很大的变动，这可能是由于太阳能供电系统供电量与电网负载需求量之间的差异很大造成的，这种电网故障是可以利用系统软硬件规定的电网电压的过（欠）电压保护设置点或者是过（欠）频率保护设置点来检测的，从而防止孤岛效应的发生。

    另外一种情况，就是恰巧当太阳能供电系统的供电情况与网路负载所需求的量满足平衡或差异非常小的时候，此时，当配电开关跳脱后，保护电路不容易检测到并网系统附近市电网路上的电压及频率的变动量，此时便有孤岛效应的产生。虽然发生此种情况的可能性是非常低的，可一旦发生这种状况，后果将是不堪设想的，所以在大规模光伏并网系统应用的环境下，防范孤岛的措施必须是考虑周全的。

    根据专用标准 IEEE Std. 2000—929 并网逆变器必须都要具有反孤岛效应的功能，同时它还给出了并网逆变器在电网断电后检测到孤岛现象后，将逆变器与电网断开的时间限制。如表 4-1 所示，其中 U_{nom} 是指电网电压幅值的正常值。f_{nom} 是指电网电压频率的正常值。

表 4-1　IEEE Std. 2000—929 标准对孤岛效应最大检测时间的限制要求

状态	断电后电压幅值	断电后电压频率	允许的最大检测时间
A	$0.5U_{nom}$	f_{nom}	6 个周期
B	$0.5U_{nom}<U<0.88U_{nom}$	f_{nom}	2s
C	$0.88U_{nom}\leqslant U\leqslant 1.10U_{nom}$	f_{nom}	2s
D	$1.10U_{nom}<U<1.37U_{nom}$	f_{nom}	2s
E	$1.37U_{nom}\leqslant U$	f_{nom}	2 个周期
F	U_{nom}	$f<f_{nom}-0.7Hz$	6 个周期
G	U_{nom}	$f>f_{nom}+0.5Hz$	6 个周期

    在我国的 GB/T 19939—2005《光伏系统并网技术要求》中，对频率偏移、电压异常、防孤岛效应也有明确的要求。

    光伏系统并网运行时应与电网同步运行，电网额定频率为 50Hz，光伏系统并网后的频率允许偏差应符合 GB/T15945 的规定，即偏差值允许±0.5Hz，当超出频率范围时，应当在 0.2s 内动作，将光伏系统与电网断开。具体的异常频率响应时间规定如表 4-2 所示。

    现在我国已开展了一系列研究，用来评估孤岛效应和它关联风险的各种可能性。研究表明就低密度的光伏发电系统而言，因为负载和发电能力远远不可能匹配，所以发生孤岛效应是不可能的，但是，对于带高密度光伏发电系统的电网部分，主动孤岛效应保护方法是不可

表 4-2 异常频率响应时间规定

频率范围/Hz	响应时间/s	频率范围/Hz	响应时间/s
<49.5	0.16	<(47.0~49.3)	0.16
>50.5	0.16~300 可变	>50.5	0.16
<47.0	0.16		

或缺的，同时以电压和频率的控制作为辅助措施保证将光伏带来的风险降到极其微小。大多数光伏逆变器同时带有主动和被动孤岛保护，虽然目前没有很多光伏突入电网的例子，但对于这方面，国外的标准并没有放松。

4.2 孤岛检测原理

电网断电检测是孤岛检测的基础，逆变器并网运行的等效电路如图 4-1 所示，孤岛运行的等效电路如图 4-2 所示。其中，负载为电阻、电感和电容并联，输出电压为 380V，P 为逆变器输出的有功功率；Q 为无功功率；P_L^* 为负载的有功功率，Q_L^* 为无功功率；ΔP、ΔQ 分别表示电网与逆变器功率差。如图 4-1 所示，光伏发电系统并网工作时，其可视为一电流源，因此，公共耦合点电压取决于电网电压。一旦电网断电，即孤岛发生，公共耦合点的电压取决于光伏发电系统输出电流的频率和相位由锁相控制，这使得电流和电压只在电压过零处同步，而在过零点外，电流频率和相位由系统内部正弦表决定，电流波形为正弦波。

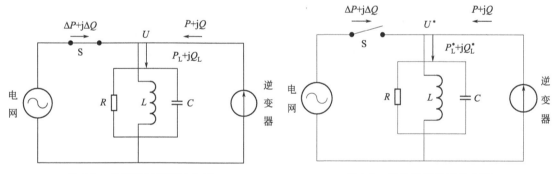

图 4-1 并网运行的等效电路　　　　　图 4-2 孤岛运行的等效电路

由图 4-1 可得式(4-1) 和式(4-2)：

$$P_L = P + \Delta P = \frac{U^2}{R} \tag{4-1}$$

$$Q_L = Q + \Delta Q = U^2 \left(\frac{1}{\omega L} - \omega C \right) \tag{4-2}$$

由图 4-2 可得式(4-3) 和式(4-4)：

$$P_L^* = P = \frac{U^{*2}}{R} \tag{4-3}$$

$$Q_L^* = Q = U^{*2} \left(\frac{1}{\omega L} - \omega C \right) \tag{4-4}$$

由式(4-1) 和式(4-3) 可得式(4-5)：

$$U^{*2}-U^2=R\Delta P \tag{4-5}$$

由式(4-2) 和式(4-4) 可得式(4-6)：

$$(\omega-\omega^*)\times(1+\omega\omega^*LC)=\omega\omega^*L\Delta Q/U^2 \tag{4-6}$$

从式(4-5) 可知当 $\Delta P=0$ 时，输出电压不变；从式(4-6) 可知当 $\Delta Q=0$ 时，输出频率不变；负载电压 U 影响 ΔP 和频率。当逆变器正好满足负载所需能量时，常规孤岛检测失效。当 ΔP 或 ΔQ 的值很大时，若是逆变器的输出电压或频率发生变动时，逆变器就会检测出孤岛现象；如果 ΔP 或 ΔQ 的数值很小，小到几乎不会引起微电网输出电压或频率发生变化时，就存在检测不到的盲区。

4.3 孤岛检测方法

根据 Sandia National Laboratories 提供的报告指出，孤岛效应就是因故障事故或停电维修等原因停止工作时，安装在各个用户端的光伏并网发电系统未能及时检测出停电状态而不能迅速将自身切离市电网络，而形成的一个由光伏并网发电系统向周围负载供电的一种电力公司无法掌控的自给供电孤岛现象。如图 4-3 所示。

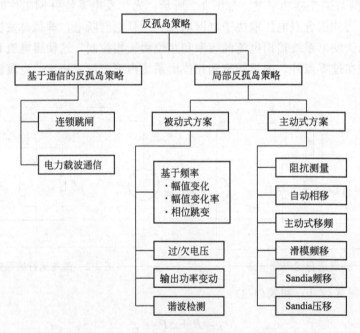

图 4-3 反孤岛策略

孤岛检测方法很多，必须满足两点要求：

① 检测时间尽量短；

② 要检测出孤岛类型。

微电网一般采用局部反孤岛策略，被动式方案一般是检测电压和频率的变化；主动式是向系统加扰动，进而判断出孤岛现象。被动式方案一般简单，但是有较大可能有盲区；主动式方案虽然避免了盲区，但是会影响电网质量。孤岛效应检测除了上述普遍采用的被动法和主动法，还有一些逆变器外部的检测方法，如"网侧阻抗插值法"。该方法是指电网出现故障时在电网负载侧自动插入一个大的阻抗，使得网侧的阻抗突然发生显著变化，从而破坏系统功率平衡，造成电压、频率及相位的变化。还有运用电网系统的故障信号进行控制，一旦电网出现故障，电网侧自身的监控系统就向光伏发电系统发出控制信号，以便能够及时切断分布式能源系统与电网的并联运行。

由于主动式方案会对电网质量产生影响，但是在平衡负载条件下，被动技术（探测电网的电压和频率的变化）对于通电和重新通电情况下的孤岛防止还不够充分，所以必须结合主动技术。主动技术是基于样本频率的移位、流过电流的阻抗监测、相位跳跃和谐波的监控、正反馈方法或对不稳定电流和相位的控制器基础而设计的。现在已有许多防止的办法，在世界上已有很多相关的专利，有些已获得，而有些仍在申请过程当中。其中有些方法，如监测电网流过的电流脉冲被证明是不方便的，特别是当多台逆变器并行工作时，会降低电网质量，并且因为多台逆变器的相互影响会对孤岛的探测产生负面影响。

因此，这里选用过/欠电压和过/欠频率检测方法作为微电网的反孤岛策略，孤岛检测流程如图 4-4 所示。

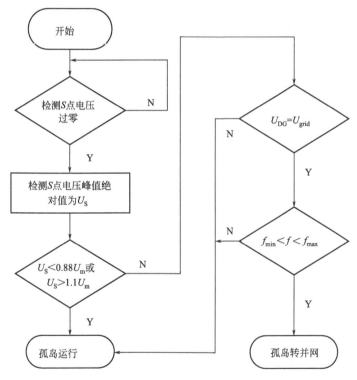

图 4-4 孤岛检测流程图

图 4-4 中 U_m 为设定电网电压峰值最大值，U_S 为检测微电网交流母线，即微电网与电网的公共节点的电压，$f_{min}=49.8\text{Hz}$ 和 $f_{max}=50.2\text{Hz}$ 分别为设定电网频率最小值和最大值。当检测到电压和频率不能满足 $0.88U_m<U_S<1.1U_m$ 且 $f_{min}<f<f_{max}$ 的条件时，检测到故障信号，可以认为电网发生故障，断开电网与微电网之间的开关。

4.3.1 逆变器外部孤岛检测方法

逆变器外部检测方法是通过电网对逆变器的控制或通信来控制逆变器在孤岛发生时停止

并网运行的一种方法，检测效率高，但由于需要在电网上安装附件，提高了成本，实施过程比较复杂。根据电网对逆变器的控制方式不同，主要有以下两种方法。

(1) 阻抗插入法

阻抗插入法如图 4-5 所示在 b 点接入一个低阻抗负载，常开开关 S_3 与断路器 S_1 联动，在 S_1 断开一段时间后，S_3 再闭合。当孤岛发生时，即 S_1 断开延时一段时间后，S_3 闭合，此时低阻抗负载接入系统，逆变器与负载之间的平衡被打破，使得电压频率或幅值的变化，达到孤岛检测的目的。值得注意的是 S_3 与 S_1 跳闸之间必须存在一定延迟，且当加入阻抗后，可能会出现总负载正好与逆变器输出功率匹配的情况，以致无法检测出到孤岛状态。

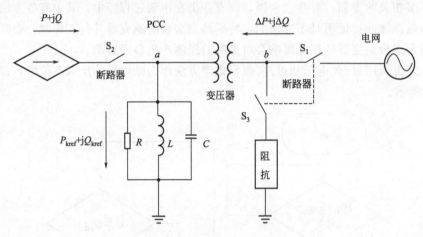

图 4-5　阻抗插入检测示意图

(2) 电力线载波通信法

电力线载波通信是利用电力线作为信息传媒介质，并通过载波方式将模拟或数字信号利用高速传输的技术进行语音或数据传输的一种特殊通信方式。它最大的特点是不需要重新架设网络，只要有电线，就能进行数据传递。

电力线载波通信系统由电力线载波机、电力线路和耦合装置组成。载波控制器的作用是对用户的原始信号实现调制和调解，并满足通信质量的要求。耦合电容器和结合滤波器组成一个带通滤波器，其作用是通过高频载波信号，并阻止电力线上的工频高压和工频电流进入载波设备，确保人身、设备安全。阻波电感作用是通过电力电流，阻止高频载波信号漏到电力设备中，以减小变电所或分支线路对高频信号的介入衰减，以及同母线不同电力线路上高频通道之间的相互干扰。

图 4-6 为包含电力线载波通信检测示意图。信号信息在用户端配有接收器 R 用于检测电网上是否有发送器发送的信号，如果该信号未被检测到，则电网已断开。此方法具有较快的响应速度，而且在多台逆变器连接情况下也不影响检测效率。但是为了保证检测的高效性，对电力线载波通信信号有严格要求，而且需要有一个发送器 T，这大大增加了成本，导致应用受限。

4.3.2　逆变器内部孤岛检测方法

在光伏并网发电系统中，判断孤岛效应的发生，一般采用检测输出端电压的幅值变化、相位跳变和频率漂移等信号的方法，实际中主要有源检测法和无源检测法两种。有源检测方

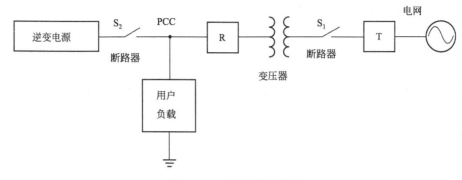

图 4-6　PLCC 检测示意图

法指系统主动、定时地对电网施加干扰信号，然后检测输出电压的频率、相位和幅值来判断孤岛的否发生；而无源检测方法主要通过监控电网的电压频率、幅值的运行变化状况来判断孤岛的发生。

4.3.2.1　无源检测法

电网断开时，逆变系统输出端的电压由负载和并网电流决定，而且输出电压与电流之间的相位由所带负载决定。所以如果不对电网主动施加干扰，那么电网断电后的逆变系统的运行状态完全由所带负载决定。无源检测法通过监测不同的系统运行参数来判断孤岛的发生，该方法不需要对系统运行施加影响，主要有以下两种方法。

（1）检测输出电压的幅值和频率

检测输出电压的幅值和频率是用于过/欠电压和过/欠频率保护的一种检测方法。过/欠电压和高/低频率检测法是在公共耦合点的电压幅值和频率超过正常范围时，停止逆变器并网运行的一种检测方法。逆变器工作时，电压、频率的工作范围要合理设置，允许电网电压和频率的正常波动，一般对 220V/50Hz 电网，电压和频率的工作范围分别为 $194\text{V} \leqslant U \leqslant 242\text{V}$、$49.5\text{Hz} \leqslant f \leqslant 50.5\text{Hz}$。如果电压或频率偏移达到孤岛检测设定阀值，则可检测到孤岛发生。然而当逆变器所带的本地负载与其输出功率接近于匹配时，则电压和频率的偏移将非常小甚至为零，因此该方法存在非检测区。这种方法的经济性较好，但由于非检测区较大，所以单独使用 OVR/UVR 和 OFR/UFR 孤岛检测是不够的。

孤岛研究等效电路如图 4-7 所示，当电网正常时，逆变电源输出功率为 $P+jQ$，电网输出功率为 $\Delta P+j\Delta Q$，负载功率为 P_L+jQ_L，D 为公共耦合点。D 点电压的幅值和频率由电网决定，未出现孤岛时，过/欠电压保护和过/欠频率保护不会动作；出现孤岛瞬间，当 $\Delta P \neq 0$ 时，逆变器输出有功功率 P 与负载有功功率 P_1 不匹配，D 点电压将发生变化；当

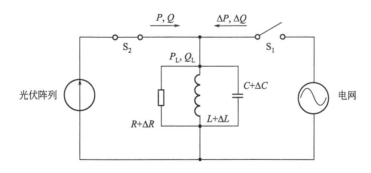

图 4-7　孤岛研究等效电路

$\Delta Q \neq 0$ 时，逆变器输出无功功率 Q 与负载无功功率 Q_1 不匹配，D 点电压的频率将发生变化。如果电压或频率的变化超出允许的范围，就会使过／欠电压保护和过／欠频率保护动作，实现孤岛状态检测。

该方法成本低，容易实现，但是如果电网正常时，$\Delta P = 0$，$\Delta Q = 0$，在孤岛发生后，D 点电压的幅值和频率都不会变化，上述方法检测失败。由于市电电压和频率总在一定范围内波动，ΔP、ΔQ 并不完全要求等于零才会发生这种现象，因此过／欠电压和过／欠频率保护的阈值不能设得太小，否则会出现误动作。

（2）电压谐波检测法

电压谐波检测法通过检测并网逆变器的输出电压的总谐波失真是否越限来防止孤岛现象的发生，这种方法依据工作分支电网功率变压器的非线性原理。

发电系统并网工作时，其输出电流谐波将通过公共耦合点流入电网。由于电网的网络阻抗很小，因此公共耦合点电压的总谐波畸变率通常较低，一般此时电压的 THD 总是低于阈值（一般要求并网逆变器的 THD 小于额定电流的 5%）。当电网断开时，由于负载阻抗通常要比电网阻抗大得多，因此公共耦合点电压（谐波电流与负载阻抗的乘积）将产生很大的谐波，通过检测电压谐波或谐波的变化就能有效地检测到孤岛效应的发生。但是在实际应用中，由于非线性负载等因素的存在，电网电压的谐波很大，谐波检测的动作阈值不容易确定，因此，该方法具有局限性。

考虑到并网电流的参考相位由电网电压的相位提供，电网断开时，系统中的变压器存在非线性特性，使得输出的变压电流产生的电压波形失真且具有较大的谐波含量，利用该电压波形作为电流的参考信号，通过连续地监测输出电压，当谐波不断增大时，能有效地检测出孤岛。理论上该方法能在比较大的范围内检测出孤岛的发生，但是该方法在阈值的选择上还有很大难度，因此电压谐波检测方法的应用受到一定的限制。

（3）电压相位突变检测法

电压相位突变检测法是通过检测光伏并网逆变器的输出电压与电流的相位差变化来检测孤岛现象的发生。光伏并网发电系统并网运行时通常工作在单位功率因数模式，即光伏并网发电系统输出的电流电压（电网电压）同频同相。当电网断开后，出现了光伏并网发电系统单独给负载供电的孤岛现象，此时，公共耦合点电压由输出电流和负载阻抗所决定。由于锁相环的作用，公共耦合点电压仅仅在过零点发生同步，在过零点之间，输出电流跟随系统内部的参考电流而不会发生突变，因此，对于非阻性负载，公共耦合点电压的相位将会发生突变，从而可以采用相位突变检测方法来判断孤岛现象是否发生。

4.3.2.2 有源检测法

当电网断电后系统输出电压的幅值、相位、频率没有明显的变化时，无源检测失效，因此有源检测方法被提出。有源检测方法是扰动逆变器输出电流，促使系统处于孤岛状态时，公共耦合点电压的幅值、频率将偏离正常值而超出设定范围时，主动停止逆变并网的一类方法。内部有源方法的检测效率较高，但由于引进了扰动，逆变器输出电能质量有所下降。根据加入扰动的参数及其方式不同，简单介绍以下几种方法。

（1）有功扰动法

有功扰动检测法是通过周期性地改变并网系统输出功率的大小，打破负载与光伏系统之间的功率平衡，然后通过检测输出端电压幅值的变化来判断系统孤岛发生的一种方法。根据

IEEE 标准，系统正常的电压范围为 0.88～1.1 倍，对于光伏并网系统，通过扰动逆变器输出电流来改变并网电流，使逆变器输出功率发生变化，进而改变输出电压。

该方法控制简单，易于实现，不需要高精度的传感器，无需额外硬件成本，对于电网阻抗小于局部负载阻抗的单台并网逆变器，不可检测区域很小。当电网断开时，有功扰动方法将干扰负载和并网逆变器输出功率的匹配状况，导致过压或欠压保护。但在多台并网逆变器并联的系统中，即使所有并网逆变器都采用有功扰动方案，还是会产生稀释效应，每台并网逆变器产生的变动可能相互抵消，最终使 u_{cc} 上产生的变化很小甚至没有变化，孤岛状态很难被检测到，除非变动同步，但这种可能性极小。

(2) 主动频率偏移法

主动频率偏移法是目前一种常见的主动扰动检测方法。采用主动式频移方案使其并网逆变器输出频率略微失真的电流，以形成一个连续改变频率的趋势，最终导致输出电压和电流超过频率保护的界限值，从而达到反孤岛效应的目的。主动频率偏移法通过偏移耦合点处电网电压采样信号的频率，造成对负载端电压频率的扰动。

采用恒定频率偏移法时，其电流控制量为：

$$i = I_m \sin[2\pi(f_{k-1} + \Delta f)(t - t_1)] \tag{4-7}$$

式中，Δf 为频率偏移量；f_{k-1} 为上一周期频率值；t_1 为负载电压正弦波正向穿越零点时间。

正常工作时，由于电网的存在，并网电流频率偏移量非常小，无法持续改变频率，孤岛形成后，公共耦合点处的电压频率会随负载特性上升或下降。

(3) 自动移相法

自动移相法是一种主动式孤岛检测方法。它控制逆变器的输出电流，使其与公共点电压间存在一定的相位差，以期在电网失压后公共点的频率偏离正常范围而判别孤岛。正常情况下，逆变器相角响应曲线设计在系统频率附近范围内，单位功率因数时逆变器相角比 RLC 负载增加得快。当逆变器与电网并联运行时，电网通过提供固定的参考相角和频率，使逆变器工作点稳定在工频。当孤岛形成后，如果逆变器输出电压频率有微小波动，逆变器相位响应曲线会使相位误差增加，到达一个新的稳定状态点。新状态点的频率必会超出 OFR/UFR 动作阈值，逆变器因频率误差而关闭。此检测方法实际是通过移相达到移频，与主动频率偏移法 AFD 一样有实现简单、无需额外硬件、孤岛检测可靠性高等优点，也有类似的弱点，即随着负载品质因数的增加，孤岛检测失败的可能性变大。

该方法是在每个电压对输出电流起始相位进行偏移。其输出电流指令为

$$i = I_m \sin\left[2\pi f_{k-1}(t - t_1) + \frac{\theta_{APS}(k)}{2\pi f_{k-1}}\right] \tag{4-8}$$

在公式(4-8)中得到：

$$\theta_{APS}(k) = \frac{1}{\alpha}\left[\frac{f_{k-1} - 50}{50} \times 2\pi + \theta_0(k)\right] \tag{4-9}$$

式中，$\theta_0(k)$ 为附加的相角改变；α 为相角调节因子。

自动移相法在端电压的每个正向过零点，通过计算上一周期的频率 f_{k-1} 来计算逆变器输出电流的起始相角 $\theta_{APS}(k)$。随着负载电压频率随电流起始相角变化，输出电流相角偏移会进一步增加，输出电压频率也会加速变化，促使保护器动作。

（4）正反馈频率偏移法

正反馈频率偏移法引入了正反馈，该方法是主动频率偏移法的一种扩展，是将式（4-7）中的恒定偏移量 Δf 变为 Δf_k，则有以下关系：

$$\Delta f_k = F(\Delta \omega_k) + \Delta f_{k-1} \tag{4-10}$$

式中，$\Delta \omega_k$ 为两个周期的频率差；$F(\Delta \omega_k)$ 为频率增量的正反馈函数；Δf_{k-1} 为前一周期偏移因子。

电网正常供电将阻止频率的持续变化。当电网断开时，频率增加或减小，频率误差也随之增加，逆变器输出频率也相应增加，直到频率继电器动作。

与主动频率偏移法相比，正反馈频率偏移法不但能加速频率的偏移，而且在频率变化为负值的情况下可以减小 Δf_k，也就意味着在相同 Δf_k 下，正反馈频率偏移法检测盲区更小。

（5）无功输出检测法

无功输出检测方法的原理是控制并网电流，使其产生特定大小的无功电流，通过检测该电流的存在来判断孤岛的发生，生成的无功电流只在并网系统与主系统相连时才能产生，反之则无。该检测方法具有很高的可靠性，但其动作时间有延迟，其动作时间超过了很多自动重合闸的重合时间，因此无功输出检测方法一般很少考虑。

以上几种主动偏移孤岛检测法具有易于实现、检测盲区小的优点，但并网逆变器输出电能的质量有所下降，而且难以确定偏移量的阈值。

4.3.3 孤岛检测实验

图 4-8 是应用频率扰动法时的电流波形。加入频率扰动后，在电流的过零处会出现一个小的平台。

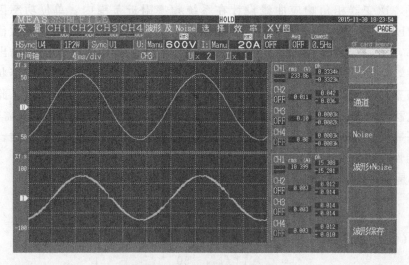

图 4-8 孤岛检测时的电流波形

图 4-9 中波形 a 为电网电压波形，b 为电流波形，光标时刻电网断开，逆变器输出在 RLC 负载上形成谐振，由图可见谐振电压波形比电网波形要光滑，如果不加入主动式孤岛扰动，系统将一直运行下去。此处采用频率扰动法，断网之后 2s 内逆变器停止输出。

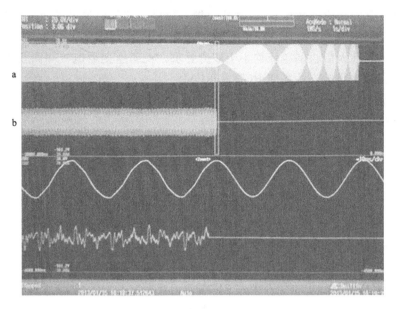

图 4-9　谐振电压波形

4.4　漏电和绝缘保护

4.4.1　光伏阵列绝缘检测

对于不接地的光伏阵列，与之连接的逆变器应当具有测量直流输入与地之间绝缘电阻的能力，当绝缘电阻超过限值要求时须指示故障。绝缘电阻限值 R。

下面来介绍一下测试步骤：

① 不接地光伏阵列，在直流输入端和地之间接入一大小为限定值 90% 的电阻，观察逆变器响应，对带隔离的逆变器，应指示故障；

② 对不带隔离的逆变器及带隔离但接触电流及着火漏电流不满足要求的逆变器应指示故障并限制接入电网；

③ 对功能性接地光伏阵列，分两种情况，当设计的接地电阻大于 R 时，逆变器测量的绝缘电阻值不应小于设计接地电阻值的 80%，否则逆变器应该做出响应，响应方式与不接地光伏阵列相同，当设计的接地电阻小于 R 时，测试原理与残余电流突变检测原理相同。

4.4.2　光伏阵列残余电流检测

① 不接地光伏阵列输入端和地之间有触电的危险，当逆变器没有隔离，或者具有隔离措施但不能保证限制接触电流在某个合适范围内的逆变器，当使用者同时接触到阵列的带电部分和地时，电网和地的连接将为接触电流提供一个回路，从而产生触电危险。

② 无论光伏阵列接不接地，接地故障的发生都会导致不应载流的导体部件或结构承载电流，从而有着火的危险。

为了消除上述的两种危险，逆变器可以安装残余电流检测（RCD）及残余电流监控

（RCM）来提供保护，是否需要 RCD 额外保护，取决于接触电流及着火漏电流是否满足规定限值，如果接触电流大于 30mA，着火漏电流大于 300mA，需要采用残余电流检测保护，如果测得的接触电流及着火漏电流均小于限值要求，说明逆变器电气隔离及绝缘电阻良好，没有潜在触电及着火危险，不需要 RCD 及 RCM。

（1）测试原理

① 首先测试接触电流和着火漏电流。

② 接触电流使用模拟人体阻抗的测试网络。

③ 着火漏电流使用万用表直接测量 PV 输入端和地之间的电流。

④ 若测得的接触电流和着火漏电流均大于限值要求，逆变器需要增加残余电流检测及监控装置。

⑤ 进一步测量该装置的保护功能，需要进行连续残余电流检测及突变残余电流检测。

（2）接触电流测量步骤

① 按图 4-10 所示电路搭建测试网络，该测试网络可以模拟人体阻抗。

② 将测试网络的 A、B 端分别接入 PV 输入正极和地。

③ 闭合逆变器交直流侧开关，逆变器并网运行。

④ 使用万有表测量测试网络中 C_1 端电压 U_2，峰值电压除以 500Ω 计算出加权接触电流。

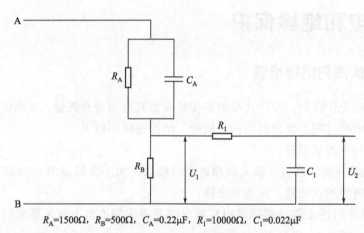

R_A=1500Ω, R_B=500Ω, C_A=0.22μF, R_1=10000Ω, C_1=0.022μF

图 4-10 人体阻抗的测试网络

（3）着火漏电流测试步骤

① 连接主电路，直流输入端不接地，交流输出端有一极接地。

② 将电流表接入直流输入正极和地之间。

③ 闭合逆变器交直流开关，并网运行，观察并记录直流输入正极对地的着火漏电流。

④ 同样的方法测量直流输入负极和地之间着火漏电流。

（4）连续残余电流测试步骤

① 去掉逆变器绝缘阻抗检测功能。

② 在直流输入正极和地之间接入可调电阻及电流表，可调电阻初始值尽量要大，使初始残余电流小于 300mA。

③ 启动逆变器运行于额定功率点。

④ 逐渐调低电阻值，记录残余电流保护装置动作时的电流值。

⑤ 使用同样的方法测试直流输入负极和地之间残余电流检测功能。

（5）突变残余电流测试步骤

① 去掉逆变器绝缘阻抗检测功能。

② 在测试电路中加入示波器，观察残余电流及并网电流信号。

③ 去掉连续残余电流检测功能，启动逆变器运行额定功率点，调节可调电阻值，使残余电流为 30mA。

④ 先断开可调测试电阻，再闭合可调测试电阻开关，电阻接入产生突变的电路，示波器记录跳闸时间。

⑤ 用同样的方法测试 60mA、150mA 突变漏电流检测功能。

4.5 低电压穿越

近年来，光伏电站数量越来越多和容量不断增加，这对电网系统安全稳定运行产生的威胁逐渐增大。当光伏电站的突然脱网，电网发生电压的跌落会使电网运行状态进一步恶化，在此过程中引起的功率缺额可能导致相邻的电站跳闸，从而导致更大面积的停电发生，低电压穿越能力也被认为是光伏并网设备设计制造控制技术上的最大挑战之一，直接关系到光伏发电的大规模应用。因此，对保障光伏电站接入后电网的安全稳定运行而言，研究低电压穿越技术十分必要。

《光伏电站接入电网技术规定》指出大中型光伏电站应具备一定的低电压穿越能力，说明现阶段中国对光伏电站的低电压穿越能力的重视，但并未对低电压穿越期间光伏逆变器的运行方式进行详细说明。

根据《光伏电站接入电网技术规定》，对于大中型光伏电站在电网跌落的时候应该具有低电压穿越能力。对于电力系统故障的多样性，大中型光伏电站应满足以下要求：在图 4-11 所示的电压轮廓线以上时必须保证不间断的并网运行，向电网提供一定的有功和无

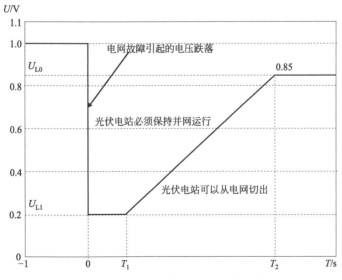

图 4-11　我国关于低电压穿越的规定

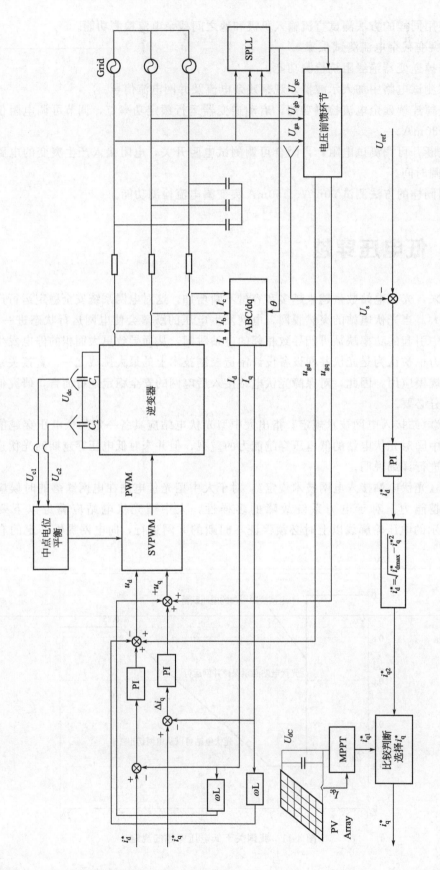

图 4-12 电网电压跌落时并网逆变器低电压穿越控制算法框图

功功率。电压跌落到轮廓线以下时，光伏电站可以从电网中切出。并网点电压在图中电压轮廓线以下时，光伏电站允许从电网切出。当并网点电压跌落到 20％时，需保证不间断运行 1s，即 $T_1=1$；当并网点电压跌落 3s 后（$T_2=3$）内能够恢复到标称电压的 90％时，电站保证能不间断并网运行。

光伏并网逆变器是光伏并网发电系统与电网接口的核心设备，逆变器控制主要的目的就是将太阳能电池产生的直流电以最大功率跟踪点（MPPT）方式输入到逆变器，并转换为与电网电压同频同相的交流电后并入电网。光伏发电的输出特性在电网电压跌落期间会对配电电网的稳定性产生很大的影响，尤其是接入配电网末端的光伏电站，在配电网低电压脱网时，会进一步恶化电网的运行状态，光伏电站的低电压穿越能力直接影响光伏电站的并网能力。光伏逆变器在低电压期间如果采用合适的策略，就能对系统发出无功，按照电压跌落的幅度提供相应的无功功率支撑电网运行以便进行光伏电站低电压穿越控制。

低电压穿越技术是指在光伏阵列并网点电压跌落在一定范围内时，光伏并网逆变器能够保持不间断的并网运行，甚至可以通过向电网提供无功功率来支持电网的恢复，直至电网达到稳定。在电网电压跌落时，定子磁链不能跟随定子端电压突变，而转子继续旋转会产生较大滑差，这使转子绕组产生过电流和过电压，从而直接影响设备的安全运行。但光伏电站电压达到开路电压后，逆变器的输出电流基本为零，直流侧电压不会继续增加。故制约光伏电站低电压穿越能力的主要因素是光伏逆变器输出的交流电流，既要保持逆变器不脱网，又不能因过电流导致逆变器损坏或跳开。

当光伏发电在电网中占有较大比重时，应采用有效的控制策略，在电网的过渡期间支持电网的恢复。向电网提供无功功率的大小可根据电网跌落的深度进行分配，控制策略如图 4-12 所示。

采用传统的双闭环矢量控制策略时，电网电压跌落瞬间会引起并网电流的冲击，可能引起硬件保护跳闸，甚至烧毁功率器件；尤其是在不平衡跌落时将导致并网电流的高度不平衡，从而造成馈入电网的功率发生振荡，影响光伏逆变器和电网的安全运行。为保护光伏电站的安全，维护电力系统的稳定，需对低电压穿越期间光伏逆变器的并网控制策略进行研究。

电网电压正常的情况下，光伏并网逆变器工作在单位功率因数状态为 0，向电网只输送有功功率，无功功率为 0，但当电压跌落时，并网点电压通过与正常时的电压比较，经过 PI 调节器在并网控制策略的基础上通过电网电压外环重新分配、动态分配有功、无功电流指令，从而达到逆变器相电网输出功率的分配。电网跌落越深，逆变器向电网提供的无功功率越多。通过对电网电压的精确检测，判断电压波动是否在正常范围内，若未超出则逆变器工作在单位功率因数并网状态，否则需要向电网提供无功功率。

此外光伏逆变采用 SVPWM 双滞环电流控制策略，可以使其在电网扰动或故障并网点电压跌落时以更优越的电流跟踪性能实现低电压穿越，并向电网发送无功功率以及支撑并网点电压，有利于系统安全稳定性。

第5章

光伏并网发电监控系统

5.1 光伏并网发电监控系统

5.1.1 光伏并网监控系统的背景和意义

近年来，光伏产业发展迅猛，为了研究光伏并网发电系统的运行性能及优化光伏电站的设计，光伏并网发电系统的监控技术随着光伏产业的发展而深入展开了。

新能源规模性的太阳能电站陆续开工建设和投入运营，需要对光伏电站的运行状况进行集中监测、存储、分析、显示，以便掌握光伏电站的运营管理与运行经验，这为光伏电站的经济运行及未来光伏电站的设计提供充分的科学依据。

在光伏发电系统中，传统意义上对光伏发电系统进行监控一般建立在近距离条件下，即近距离监控，这种监控方式主要是维护人员守在现场，通过液晶显示来得知各种电站的运行参数（光伏阵列电压、输入输出电压、输入输出电流、输出功率等）和环境参数（如环境温度、太阳辐照强度等），不断查看监视设备所显示的数值，并在必要时做出相应的处理，利用手动方式来控制系统的各种状态和参数，包括修改参数和查看参数。这种方式要求每一个维护点应配备维护人员，实行轮班制。但是随着光伏电站的陆续建成投运，该管理体制也暴露出自身的缺点，维护人员劳动强度大，管理水平低，并且系统的相关部门数据和信息交换复杂，这造成了数据和信息的大量冗余和不一致。

另一方面，由于光伏电站存在分布较为偏远、分散，占地面积较大的特点，数据采集显示过于零散，缺少一个集中的平台集中观测、存储数据，这会导致分析和控制上的不便和困难。

由此可见，数据和信息在光伏并网监控系统应用中非常重要，那么构造一个统一的光伏并网发电监控系统，实现对整个光伏电站完整、统一的实时监测和运行管理十分必要。

5.1.2 光伏网络监控系统的发展

光伏电站从最初的电站巡检到后期的光伏局域网监控，再到2007年开始推广的光伏网络监控系统的设立，光伏电站的管理实现了真正的远程监控。其中，光伏网络监控系统的发展主要经过三个阶段。

第一阶段的光伏网络监控系统采用现场设立服务器的形式，这种方式是以点对点的方式实现互联网监控的，需要用户记住每一个电站服务器的网络地址，并设立用户名和密码。此方式的缺点在于监控成本较高，并且管理较为麻烦。

第二阶段的光伏网络监控系统采用网络服务器转发的 C/S 访问模式，这种方式避免了现场设立电站服务器，也可对多个电站同时进行管理。但其缺点也很明显，需要一定时间的等待才能查看数据，并且客户端需要不断升级来进行功能提升。同时客户端的设置也会较为繁琐，在数据传输方式上也存在一定的局限性。

第三阶段的光伏网络监控系统发展成为了真正意义上的监控管理平台形式，用户完全通过 B/S 结构进行访问，提供给习惯于进行 web 访问的用户更多的便利，也不再有电站监控数量和采集形式的限制。完全实现了互联网的互联互通特点。

光伏网络监控管理系统的发展，不但解决了光伏电站的管理问题，也帮助人们快速地提高了对于光伏发电的认识，认识到光伏发电的特点。同时对于光伏产品的创新和技术的进步有着不可替代的作用。

5.1.3　光伏发电监控系统的相关标准

光伏发电站监控系统的设计应遵循以下原则：

（1）完整性

系统能够完成不同厂商不同种类不同型号设备的监测数据统一完整的采集，可提供实时数据、周期采样数据、事件数据的应用服务。

（2）规范性

系统建设遵循有关国家标准、国际标准、电力行业有关标准。制定或完善相关标准规范，确保监测设备、监测数据通信的规范性。界面设计遵循有关界面设计的规范。

（3）扩展性

硬件扩展性：系统能够广泛适配新接入监测设备的通信接口；软件扩展性：软件功能模块应可重用、可配置、可拆卸。

（4）开放性

系统能够同各类专家系统进行数据信息交换。系统能够与电网调度等系统进行数据信息交换。

（5）集成性

能够集成环境、安防、电能量、电能质量等监测数据，分类处理，分类存储，统一界面显示监测数据。

（6）可操作性

界面友好，操作方便，注重用户体验。

（7）适应性

适应光伏电站的内电磁及自然环境的复杂性。适应光伏电站各类系统的可接入性。

光伏发电站监控系统应能实现对发电站可靠、合理、完善的监视、测量、控制，并具备遥测、遥信、遥调、遥控等全部的远动功能，应具有与上级调度中心计算机系统交换信息的能力。

下面以甘肃地区某 100MWp 光伏并网项目为例，分析介绍光伏并网监控系统的设计方案和应用过程。

5.2　光伏并网发电系统的组成

大型光伏并网电站系统由太阳能电池组件、支架、汇流箱、逆变器、升压变压器、配电室、防雷系统及高压电网等几个部分组成。如图 5-1 所示。

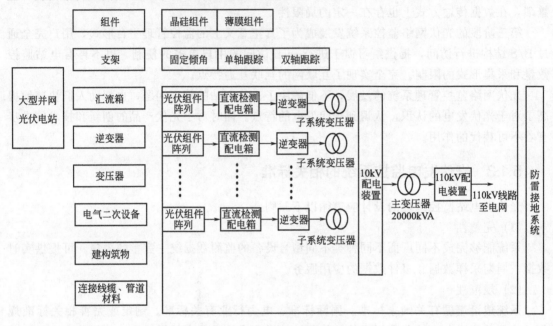

图 5-1　大型光伏并网电站系统组成

根据项目需要，此 100MWp 光伏并网发电系统采用分块发电、一次升压、集中并网的设计方案，将系统设计为 100 个 1MWp 并网发电单元，配置 200 台 500kW 并网逆变器，不含隔离变压器，输出额定电压为三相 270V，50Hz；经过 100 台高效 10kV 双分裂升压变压器（0.27/0.27/10kV，1000kVA）T 接入本地的 10kV 中压电网，实现并网发电功能。1MWp 光伏并网系统原理框图如图 5-2 所示。

5.2.1　太阳能电池组件

在本项目中，太阳能电池组件选用国产某功率为 210Wp 的多晶硅太阳能电池组件，其工作电压约为 29.6V，开路电压约为 36.5V。根据并网逆变器的最大功率点跟踪（MPPT）工作电压范围（450~820V），每个电池串列按照 20 块电池组件串联进行设计，每个 500kW 的并网单元需配置 120 个电池串列，2400 块电池组件，其功率为 504kWp；1MWp 系统需要 240 个电池串列，共 4800 块电池组件；整个 100MWp 系统需要 24000 个电池串列，共 480000 块电池组件。项目现场如图 5-3 所示。

5.2.2　汇流箱

为了减少光伏电池组件到逆变器之间的连接线，以及方便维护操作，直流侧采用分段连

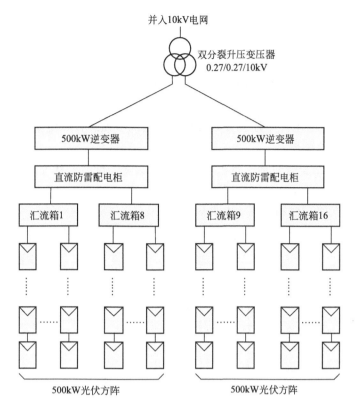

图 5-2　1MWp 光伏并网系统原理框图

图 5-3　光伏并网项目现场例图

接，逐级汇流的方式，即通过光伏阵列汇流箱将光伏阵列输出的直流电进行汇流。针对总体设计方案，选择型号为 PVS-16M 的防雷汇流箱，每台汇流箱有 16 路直流输入，每路均有电流检测。这样，每个 500kW 的并网单元需配置 8 台汇流箱（16 路直流输入）；整个100MWp 系统需要 1600 台汇流箱。

　　该汇流箱的接线方式为 16 进 1 出，即把相同规格的 16 路电池串列输入经汇流后输出 1路直流。该汇流箱具有以下特点：

① 防护等级为 IP65，防水、防灰、防锈、防晒，能够满足室外安装使用要求；

② 可同时接入 16 路电池串列；

③ 每路接入电池串列的开路电压值最大可达 DC1000V；

④ 具有 16 路保护控制，每路的正负极都配置高压直流熔断器（最大电流为 15A），其耐压值可达 DC1000V；

⑤ 汇流箱配有 16 路电流监控装置，对每一路电池串列进行电流监控，通过 RS485 通信接口上传到上位机监控装置；

⑥ 直流汇流的输出正极对地、负极对地及正负极之间配有光伏专用防雷器；

⑦ 直流汇流的输出端配有可分段的直流断路器。

此汇流箱的电气原理框图如图 5-4 所示。

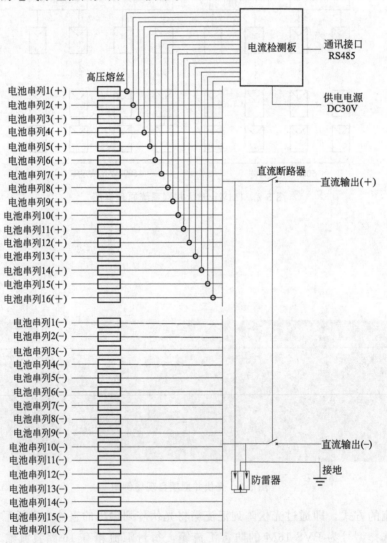

图 5-4　汇流箱的电气原理框图

5.2.3　自动发电控制

自动发电控制（Automatic Generation Control，AGC）是指利用计算机系统、通信网络和可调控设备，根据电网实时运行工况在线计算控制策略，自动闭环控制发电设备的有功输出。

　　AGC是并网发电厂发电机组在规定的出力调整范围内，跟踪电力调度下发的指令，按照一定调节速率实时调整发电出力，以满足电力系统频率和联络线功率控制要求。光伏电站中AGC接收来自调度或电站内的负荷需要并按照一定的调整策略分配给电站内的逆变器，实现整个光伏电站有功优化分配和调节，维持电站联络线的输送功率以使交换电能量保持或接近规定值。

5.2.4　自动电压控制

　　自动电压控制（Automatic Voltage Control，以下简称AVC）是指利用计算机系统、通信网络和可调控设备，根据电网实时运行工况在线计算控制策略，自动闭环控制无功和电压调节设备，以实现合理的无功电压分布。

　　AVC是确保光伏电站能根据电力调度部门指令，自动调节其无功功率，控制并网点电压在正常运行范围内，调节速度计控制精度以满足电力系统电压调节的要求。光伏电站中AVC可接收来自调度的母线电压和总无功的负荷设定以及电站内的母线电压和无功的设定，通过一定策略调节并网逆变器无功功率、无功补偿设备的投入量或变电站升压变压器的变比进行电站的无功及电压调节使并网点电压在正常运行范围内。

　　AGC/AVC功能的设置提高了光伏电站电网的运行质量，适应了当前对光伏电站"无人值班，少人值守"运行模式的要求。

5.3　光伏并网监控系统的原理与设计

5.3.1　光伏并网监控系统的结构设计

　　目前，远程监控系统有三种常见的实现方式，分别是：

　　① 通过RS485总线进行数据采集后，它与本地主控计算机直接通信，本地主控计算机接入互联网，从而实现异地的监控。

　　② 将采集到的数据通过Modem的调制作用变为模拟信号，在公用电话网上传输，异地接收，再通过Modem的解调作用将模拟信号变为数字信号，使异地计算机能够对数据进行识别处理。

　　③ 利用GSM/GPRS的无线远程监控系统，通过申请移动通讯GSM/GPRS的数据通信业务完成数据的传输，从而实现对光伏电站的远程监控。

　　本项目实际应用中，采用RS485总线检测各个设备，将得到的数据以Modbus协议的报文格式传给通信管理机，通信管理机进行分析后按TCP/IP协议组织报文，通过光端机发送到光缆上，经光缆传输后送到远端的光端机转换为电信号，经交换机后传给服务器，在服务器中将得到的数据存入数据库，同时通过多线程技术对需要的数据按照IEC104规约重新组织报文，以便与电力调度中心通信。采用RS485总线和Modbus协议进行通信可靠性强，光缆传输速度快。100MWp光伏并网监控系统结构示意图如图5-5所示。

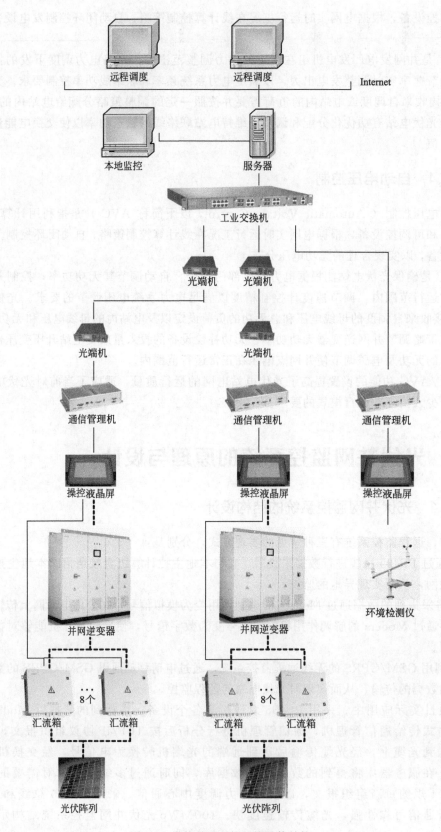

远程调度　　　　远程调度　　　　Internet

本地监控　　　　服务器

工业交换机

光端机　　光端机

光端机　　　　　　光端机

通信管理机　　　　通信管理机　　　　通信管理机

操控液晶屏　　　　操控液晶屏　　　　操控液晶屏

环境检测仪

并网逆变器　　　　并网逆变器

汇流箱　…8个…　汇流箱　　汇流箱　…8个…　汇流箱

光伏阵列　　　　　　光伏阵列

图 5-5　光伏并网监控系统整体结构

100MWp 光伏并网监控系统主要由现场监控、上位机监控和远程监控三大部分组成。下位机主要包括 500kW 并网逆变器、环境采集仪、汇流箱、本地控制器等设备。现场监控是通过 MCGS 显示屏和应急启停按键实现对设备的监控，每隔一段时间就读取各监控参数的值。本地上位机监控是指本地监控计算机、Web 服务器以及部署在上述服务器中的应用软件。远程监控是指通过以太网与本地监控服务器相连，电力调度中心的操作人员可以随时随地通过互联网和 IE 浏览器实施远程监控。

5.3.2　光伏并网监控系统的功能设计

光伏并网发电系统需要监测的状态量有：电网电压、电网频率、锁相、直流电压、直流电流、驱动电流、驱动电压、设备温度等。当这些状态量都正常时，表明系统处于正常工作状态。光伏并网发电系统需要采集的数据有：光伏电池瞬时输出电压、光伏电池瞬时输出电流、并网各相电压、并网各相电流、系统的启停状态、电网频率、光伏并网系统当日发电量、光伏并网系统累计发电量、风向、风速、日照强度、环境温度，这些数据有的是采集来的原始量，有的是经过原始量计算得来的。

现场监控能够反映受监控设备的实时工作状态和设定的参数，同时可以对设备的启停进行控制，它不仅能实现监测，还可供维修人员操作界面控制现场设备。根据实际需要，现场监控具备以下功能。

（1）数据显示

在现场及时显示电站的运行状况，实时显示光伏电池阵列的输出电压电流、并网电压电流、逆变电压电流、并网功率、总功率因数、电网频率、逆变效率、环境温度等。

（2）故障监测

实时监测太阳能光伏并网发电站的运行状态，当电站有故障时，监控系统立即发出报警信号，及时通知电站管理人员及时处理。

（3）数据管理

将太阳能光伏发电站的运行数据存储起来，当光伏电站发生故障时，可将存储的电站运行数据传送给远程监控中心，方便管理人员进行故障分析，做出相应的处理。此外还包括历史数据存储、数据导出等。

（4）密码管理

操作人员在进行参数设置和启停控制等命令是需输入用户名和密码。

上位机监控是在电站的本地监控室中，在本地监控计算机上采用 C/S 模式，实现对各个设备的监控，功能划分如图 5-6 所示，它包括实时显示并统计各直流侧电压、电流、瞬时功率、每日发电量、总发电量及 CO_2 减排量、故障记录、报警及断路器状态等参数和状态量；实时监测升压变压器和汇流箱的电压、电流及其运行状况；实时监测逆变器的所有运行参数和发电参数，监测其故障信息；可对逆变器进行启停和参数设定等操作，并对各并网逆变器进行入网功率管理控制；可以绘制每天的太阳辐射强度曲线、风速变化曲线、光电池发电参数曲线、逆变器的电压-电流曲线、功率-时间曲线；具有参数设置、系统分析、电量累计及打印各类参数曲线的功能；实时监测并显示现场环境的数据，通过底层智能仪器可采集气象数据，如：环境温度、组件温度、光照强度、风速、雨量等有关数据。

本地监控软件的功能可以分成以下几个部分：

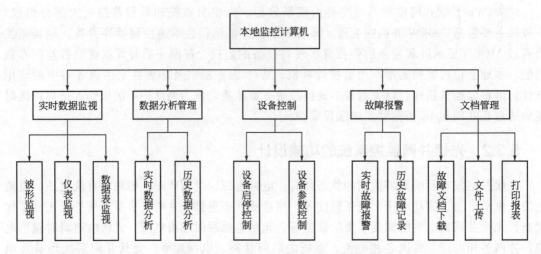

图 5-6　C/S 模式监控软件功能结构

① 启动同时系统自检、显示厂家的相关信息。登录后，主界面上显示电站的主要运行参数、窗口信息等。

② 作为本地监控计算机，主要面向的是维护人员。维护人员能够修改控制参数，能够对比修改控制参数后运行参数的理论值和电站的实际值。为了让维护人员更加方便快捷地调试，应在主界面和调试界面给出主要的运行参数值。

③ 由于用户误操作修改控制参数会导致光伏电站设备发生故障，为了避免这种情况，需要设置系统的管理权限。另外，在未登录的情况下，不能查看系统信息和用户参数等电站内部信息。

④ 监控系统的实时曲线界面是比较重要的界面，要求可以实时显示光伏电站的运行参数及环境参数，例如并网三相电压电流、环境温度、并网功率等。

⑤ 能够记录电站的历史运行参数，并能够选择曲线类型和时间，以备以后统计分析。

⑥ 对于故障信息、报警信号能够及时地以图像和声音的形式显示在本地监控终端上。

网络远程监控是由 Visual Studio 提供的 B/S 模式，它主要接收上位机本地监控中的各项数据，采用 MySQL 数据库存储这些数据，通过以太网与服务器相连，通过 IE 浏览器就能查看数据，实现光伏电站无人值守或生产部门、维修部门及领导部门等在异地查看数据的要求。并且登录网站设置了不同的权限，相关的操作人员可以根据不同的权限查看和分析运行情况，还可以进行远程控制，如设备启停及参数设置等。这些控制命令也可以及时地存入数据库中，以便于以后再进行查看。

远程监控还融入了企业管理的理念，具有密码保护、用户权限分级的功能，加入了人员岗位工资管理模块和效益管理功能模块等。这更方便了电站的管理，为电站的高层管理人员提供所需信息，使高层管理人员随时随地对自己所应负责的各种计划、监测和控制活动等做出及时、有效的决策。远程监控的功能设计如图 5-7 所示。

当逆变器发生故障时，不仅在现场 MCGS 液晶屏会实时显示声光报警，而且 Web 服务器监控软件中的故障报警功能可以自动通过 E-mail 和短信通知相关人员，内容包括故障时间、故障名称及故障描述等。而 E-mail 和短信接收方在用户管理中设置，可设置多个 E-mail 地址和短信号码，及时提醒操作人员排除故障，尽量避免和减少损失。本项目还提前设置了一些阈值，当实时数据超过这些阈值时，虽然不会发出报警信号，但是 Web 服务器

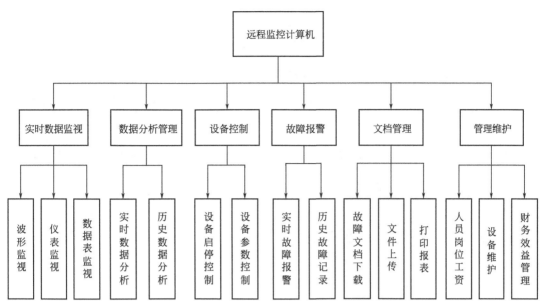

图 5-7　远程 B/S 模式浏览器终端监控功能设计

会发送 E-mail 或者短信给相关人员，操作人员就会根据这些值提前做出一些处理，这样就能避免发生较大的故障，以实现故障评估与预维护的效果。

5.4　现场监控设计

5.4.1　现场监控的设计

下位机主要包括本地控制器、逆变器、汇流箱、环境采集仪等设备。本地控制器实时采集现场的数据，同时也要接收上位机中的 PC 监控软件对本地控制器的命令，实现对逆变器的本地控制，例如控制逆变器的启动和停止，设置逆变器的各个参数等。

现场监控采用的是 TPC7062KS 型号的嵌入式的 MCGS 组态软件，它是下位机的"大脑"，是逆变器、汇流箱、环境采集仪等设备采集控制的中央设备。通过对这些现场数据的采集处理，以动画显示、报警处理、流程控制等形式显示出来，这可以使现场人员能够方便、清晰、准确、及时地掌握该设备整体的信息。

5.4.2　MCGS 组态软件

MCGS 是一款比较强大、实用的工控组态软件，可以与其他相关的硬件设备结合，通过对现场数据的采集处理以动画显示、报警处理、流程控制及报表输出等多种方式向用户提供解决实际工程问题的方案，它有简单灵活的可视化操作界面，实时性强，而且有良好的并行处理性能。

本系统采用的是嵌入式版本的 MCGS 组态软件，在界面的设计过程中，主要调用了 MCGS 中的图形控件、数据报表及报警窗口等模块，并根据系统需要编写相关命令语言。监控系统采用多级菜单方式进行界面切换操作系统，其结构如图 5-8 所示。

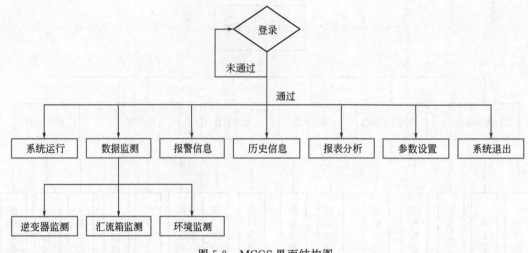

图 5-8   MCGS 界面结构图

5.5   本地和远程监控方案设计

5.5.1   监控解决方案

在传统的监控解决方案中，将整个系统分为三个层次，如图 5-9 所示，即人机界面层、数据库层以及数据采集处理层。人机界面层主要是人机互操作，完成相关数据显示、曲线生成、报表打印、报警提示、定值设定、数据库历史记录查询等基本功能。数据采集处理层主要负责电站数据的采集，数据报文分析、处理，数据存储等。人机界面和数据采集层可采用不同的开发环境，两层都是独立运行的应用程序。数据库层是人机界面层与数据采集处理层进行数据交互的桥梁，人机界面层可以对数据库进行数据存储修改，底层的数据采集处理层也能对数据库进行数据存储与修改。

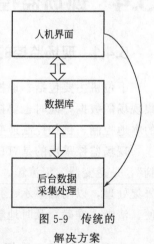

图 5-9   传统的
解决方案

在实践当中，这种解决方案存在着报警出现有一定延时，系统维护困难，多平台开发时系统配置复杂，以及远方调度灵活性差等问题。在本项目设计本地监控和远程监控这两部分中，并没有采用传统的解决方案，而是采用一种完全基于 .NET 平台开发的监控系统，可以解决传统方案的不足。其系统模型如图 5-10 所示。

图 5-10 所示的系统模型是基于三层结构模型设计的，最上一层为应用层，中间层为业务层，底层为数据层。与前一种方案相比，可以把人机界面程序和后台数据采集程序合到一个程序中，但又不是简单的合并，而是将其分割为多个线程功能模块，各模块具有一定的独立性，便于系统开发维护。图 5-10 中的 Web 服务（包括数据远程发布模块）和 Web 浏览器模块，是以 Web 技术为基础的一种三层 B/S 结构，主要用于远方调度中心对电站的访问。

传统方案是后台程序采集到数据后将其存储到数据库中，然后前台界面从数据库中读取数据显示出来。当有控制命令发生时，要通过数据库与后台程序进行交互，这期间有一个读

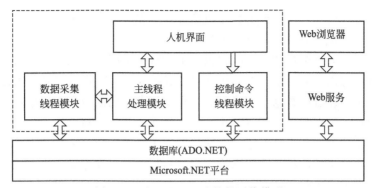

图 5-10 本地和远程监控的系统模型

取命令的时间延时。本项目中的方案可以在数据采集线程采集到实时数据后直接进行显示，同时存入数据库方便下一次显示；当有控制命令发生时，直接组织报文发送到总线上。在实际的应用中，延迟一般包括交互延迟、传输延迟、仪表机构动作延迟，传统方案一般大概有 2～5s 的延迟，如果采用本方案，其延迟时间可以缩短 1～3s。

这样，在现场设备上装有 RS485 通信接口，采用 Modbus 通讯协议，采集的数据通过 RS485 总线传输到通信管理机上。通信管理机对传来的 Modbus 协议进行分析，按 TCP/IP 协议组织报文，再通过光端机传给监控室的上位机。本地监控的功能是由本地监控计算机和 Web 服务器共同完成的，它们通过多线程技术实现实时监控和实时存储。监控计算机上安装有专门的监控软件，将采集的数据进行存储、分析，通过各种样式的图形图表快速反映现场设备的运行情况，将需要的数据生成报表还可以打印导出进行更为专业的计算分析。操作人员通过该软件输入相应的控制信息，改变设备的运行状态实现控制。本地监控室中还有专门的计算机作为系统的 Web 服务器，将现场设备的运行情况发布到网上，实现远程监控。

5.5.2 本地和远程监控软件结构设计

5.5.2.1 监控软件层次设计

在本部分中，本地和远程监控软件都是通过 Microsoft Visual Studio 应用平台，利用 C♯编程技术进行开发的。Visual Studio 是微软公司推出的开发环境，它可以用来创建 Windows 平台下的 Windows 应用程序和网络应用程序，也可以用来创建网络服务、智能设备应用程序和 Office 插件，是目前最流行的 Windows 平台应用程序开发环境。

在监控软件设计中采用三层结构，如图 5-11 所示，它们分别是：表示层、业务逻辑层和数据服务层。

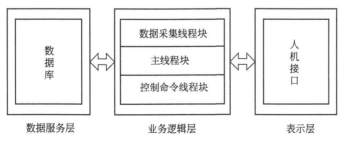

图 5-11 三层体系结构

表示层：在调度中心以 Web 方式显示，在本地监控计算机上以 WINFORM 方式显示，用于响应用户的输入请求，将监控的数据以图形、表格等各种形象的表示方式显示给用户，使用户能够方便、快速地对各种数据作出决策。

业务层：主要完成三个功能，主线程模块负责整个系统的协调运行，数据交互等；数据采集线程模块负责与逆变器、汇流箱等现场设备进行通信，对现场设备上发送的报文进行分析，并对发送给现场设备的数据组织成相关的报文下发；控制命令线程模块负责维护人员等用户操作命令的报文组织和命令下发，用于遥控操作，故障处理。

数据层：负责与数据库交互，通过对数据库中实时监控的数据进行增删、查改等操作获取最终数据，并将结果反馈给业务逻辑层，为表示层提供历史数据和报警数据的数据来源，以及用户设置、系统配置状态的记录等。

5.5.2.2 B/S 与 C/S 系统结构

目前，应用于工业监控主要有两种模式：B/S（Browser/Server）模式和 C/S（Client/Server）模式。

C/S 模式即客户机/服务器模式：是由一个或多个客户机以及一个或多个服务器（数据库服务器、文件服务器、网络服务器等）构成的分布式计算结构。在传统的两层结构体系中，客户端软件一般由表示层程序、应用程序及相应的数据库连接程序组成，服务器端软件一般是某种数据库系统。应用程序负责处理应用逻辑，然后根据应用逻辑将这个请求转化为SQL 语言发送给数据库服务器，将数据库服务器返回的结果传给客户机端的应用程序并显示。这种模式比较适合于在小规模、用户少、单一数据库且有安全保障的局域网环境下运行。C/S 结构使得客户机和服务器功能更专一，对于环境和应用条件经常变动的情况，只需对客户机和服务器实施相应的改变即可，因而具有良好的灵活性、可扩展性和可移植性。

B/S 模式即浏览器/服务器模式：是一种从传统的二层 C/S 模式发展起来的网络结构模式，基于 Internet 的 TCP/IP 协议的支持，以 HTTP 为传输协议，使客户机可以通过浏览器访问 Web 服务器以及与之相连的后台数据库的体系结构。这种体系结构包括表示层、功能层、数据层，它们分别放在三个独立的单元：Web 浏览器、Web 服务器和数据库服务器，见图 5-12。由于事务逻辑处理放到了 Web 服务器中，这就使客户机的压力大大减轻，使客户机从沉重的负担和不断对其提高性能的要求中解放出来，也把技术人员从繁重的维护、升级工作中解脱出来。而且运行于 Internet 之上，这使系统克服了空间和地域的限制，可以在任何地方访问系统，实现随时随地的监控。

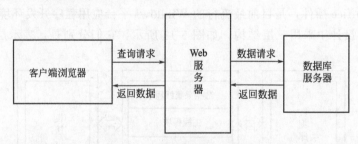

图 5-12 Browser/Server 模式

从目前现状看，B/S 结构比较适合于系统同用户交互量不大的应用，而对于更新和交互频繁的应用，需要同传统的 C/S 结构相结合，以充分发挥各自的技术优势，更好地为监控系统服务。C/S 与 B/S 的功能比较如表 5-1 所示，根据 C/S 和 B/S 各自的优点，本项目采用 C/S 和 B/S 的混合型结构实现本地和远程监控部分，本地监控计算机上采用 C/S 模式安装应用软件,在调度中心采用 B/S 模式通过互联网进行监控。

表 5-1　C/S 与 B/S 体系结构的功能比较

	C/S	B/S
标准	只要在内部统一标准即可,应用往往是专用的	开放的,非专用的,经过标准化组织确定的标准,具有通用性和跨平台性
开发与维护成本	必须开发出专用的客户端软件,安装、配置、升级都要在所有的客户机上实施,浪费人力和物力	只需在客户端装有一通用的浏览器即可,维护和升级都在服务器端进行,客户端不做任何改变,大大降低了开发与维护成本
界面和使用	客户界面由客户端软件决定,使用方法和界面各不相同,每推广一种 C/S 系统,用户都要从头学起	用户界面都统一在浏览器上,易于使用,界面友好,使用其他软件,不需再学习
客户端	客户端具有显示和处理数据的功能,对客户端要求很高,是一个"胖"客户机	客户端不负责数据库的存取和复杂的计算等,只进行显示,大大降低了对客户端的要求,是一个"瘦"客户机
灵活性	系统三部分模块中,只要有一部分改变,就要关联到其他部分模块的变动,使系统升级困难	系统的三部分模块相互独立,其中一部分改变不影响其他部分,系统改变容易,可用不同厂家的产品组成性能更佳的系统
安全性	客户机直接与数据库服务器连接,用户可轻易地改变服务器上的数据,系统的安全性不好保证	系统在客户机与数据库服务器之间增加了一层 Web 服务器,客户机无法直接操作数据库,有效地防止非法入侵

5.5.3　多线程的应用

5.5.3.1　多线程的基本概念

在本系统中,既要进行实时数据采集处理,又要进行数据显示刷新,还要不断扫描是否有故障发生,是否有控制命令,而且每个串口带有多个通信设备,要使这么大的一个系统能稳定、快速、安全运行,单线程是无法实现的,我们必须采用.NET 的多线程技术。

在计算机中程序运行的时候,操作系统会为其分配一个进程,而线程则是进程的一个基本组成单位。线程是在程序中独立运行的指令流。在操作系统内部,一个进程至少需要包括一个线程。多线程就是将需要执行的任务分解为多个子任务执行,从而将整个工作划分为多项单独的任务,并以并行模式执行这些任务,达到提高系统运行效率的目的。

在.NET Framework 类库中,利用 Thread 类来创建和控制线程,该类包含在 System. Threading 命名空间中,要使用多线程,必须先引用此命名空间,即 using System. Threading。

5.5.3.2　主线程

主线程是由 Main() 方法来启动的,应用程序主线程主要完成以下工作:系统初始化、辅助线程的创建与管理、数据刷新显示、窗体切换、报警扫描、数据记录、人机接口事件响应、报表管理打印等。

5.5.3.3　数据采集线程

数据采集线程是在主线程启动后创建的,它不会被终止,直到主线程结束。数据采集线程主要完成三个方面工作,首先接收数据,然后对接收的报文进行分析。最后将解析的数据进行存储。如果在这个过程中有故障报警要立即做出响应,所有工作完成之后又开始执行第一个过程，一直循环下去。这三个过程都采用.NET 组件技术以类的形式封装，数据采集模块线程可以灵活地调用各个类的功能函数。

5.5.3.4 控制命令线程

用户通过操作本地监控计算机上的上位机界面向现场设备发送定值设置、仪表对时、清零等命令时，为了尽快将命令下发到设备，主线程专门创建一个控制命令处理线程进行处理。此线程模块的主要工作是从上位机界面的响应事件中获取控制命令，然后根据被控或被操作对象组织报文下发命令。这种方式的控制命令响应速度较快，其过程如图 5-13 所示。

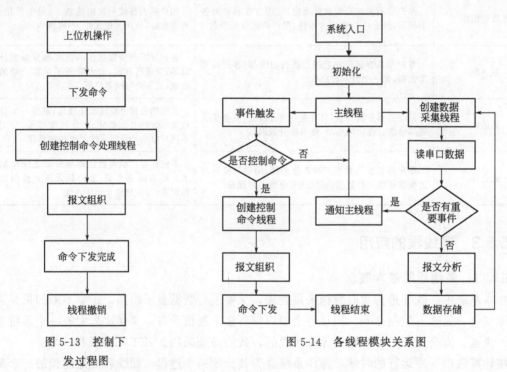

图 5-13　控制下发过程图　　　　图 5-14　各线程模块关系图

5.5.3.5 各线程间关系

上位机监控软件程序启动后，主线程首先对系统进行初始化设置，然后创建数据采集线程进行循环数据采集，其整个系统线程流程图如图 5-14 所示。

5.5.4 .NET 及相关技术

5.5.4.1 .NET 技术

.NET 就是微软用来实现 XML，Web Services，SOA 和敏捷性的技术。.NET 应用是编译成 MIL（Microsoft Intermediate Language，中间代码）通过 CLR 虚拟机运行，不以本地机器代码运行，这样为以后的跨平台开发打下了基础。.NET 提供统一的语言开发环境，它支持多种开发语言包括 C#，VB，C++等，这些语言都被编译成能在 CLR 之上运行的中间代码。此外，.NET 框架开发平台还允许用户创建各种各样的应用程序：XML Web Service、Web 窗体、Win32 GUI 应用程序、Win32 CUI（控制台 UI）应用程序，Windows 服务（由服务控制管理器控制）、实用程序以及独立的组件模块。

.NET 的技术架构图如图 5-15 所示。

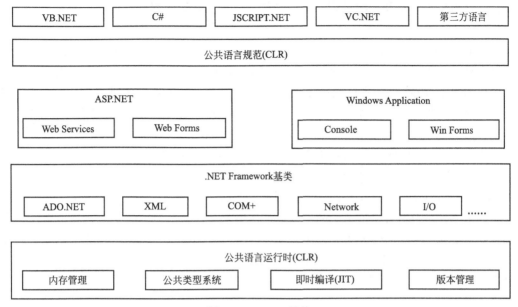

图 5-15 .NET 结构

5.5.4.2 .NET Framework 技术

.NET Framework 是 .NET 平台创新中的一个关键组成部分。.NET Framework 的目的是便于开发商更容易地建立 Web 应用程序和 Web Service，它的关键特色是提供了一个一致的面向对象的编程环境，开始实现多语言组件开发和执行的环境。与此同时，.NET Framework 还是支持生成和运行下一代应用程序和 Web Service 的内部 Windows 组件，基于此可以方便快捷地开发 Web Service。

.NET Framework 有两个主要组件：公共语言运行库（CLR）和 .NET Framework 类库。CLR 是 .NET Framework 的基础，它提供内存管理、线程管理和远程处理等核心服务，强制实施严格的类型安全，提供安全性和可靠性。.NET Framework 的另一个主要组件是类库，它是一个综合性的面向对象的可重用类型集合，它提供给开发者以开发各种类型的应用程序。使用 .NET 框架类库可以开发多种应用程序，这些应用程序包括传统的命令行或图形用户界面（GUI）应用程序，也可以开发包括基于 ASP.NET 所提供的最新创新的应用程序（如 Web 窗体和 XML Web Service）。.NET Framework 的类库主要为数据访问、安全性、文件 I/O，XML 操作、消息传递、类反射、XML Web Service、ASP.NET 和 Microsoft Windows 服务包括在内的各种任务提供了支持。

在服务框架之上是两种应用类型的模板，一类是传统的 Windows 应用程序模板，另一类是基于 ASP.NET 的 Web 网络应用程序模板。其中 ASP.NET 以一组控件和体系结构的方式提供了一个 Web 应用模型，它是由 .NET 框架提供的类库构建而成，通过它可以简化 Web 应用的实现过程。

5.5.4.3 C# 语言

.NET 支持 C#，VB.NET，VC.NET 等开发语言，这提供了一种多语言的开发环境，在本项目中选择 C# 语言进行开发。C# 是从 C 和 C++ 语言演化而来的，是 Microsoft.NET 的核心语言，是唯一为 .NET Framework 设计的语言，可以使用 .NET Framework 代码库提供的每种功能，开发起来更方便。而且它是完全面向对象、面向组件的语言，这简化了系统开发的过程，提高了开发效率，有利于程序以后的扩展和重复使用。

5.5.4.4 ASP.NET 技术

Windows 窗体是编写 Windows 应用程序的技术，而使用 ASP.NET 可以创建能在任意浏览器上显示的 Web 应用程序。使用 ASP.NET 在客户系统上创建 Web 应用程序，只需要一个简单的 Web 浏览器，客户系统不需要安装.NET。服务器上需要 ASP.NET 运行库，本项目的 Web 服务器上安装了 IIS（Internet Information Services），这样在安装.NET Framework 时就会自动为服务器配置 ASP.NET 运行库。

ASP.NET 运行库的工作原理如图 5-16 所示。客户机向服务器请求 default.aspx。所有的 ASP.NETWeb 页面通常带有扩展名.aspx，因为这个文件扩展名是 IIS 注册的，ASP.NET Web Development Server 能识别它。所以 ASP.NET 运行库和 ASP.NET 辅助进程就会开始工作。对文件 default.aspx 的第一次请求会启动 ASP.NET 分析器。编译器会把该文件和一个与.aspx 文件相关的 C♯文件一起编译，创建一个程序集。然后.NET 运行库的 JIT 编译器把程序集编译为本机代码。该程序集包含一个 Page 类，调用它会把 HTML 代码返回给客户端。之后删除 Page 对象。但会保留程序集，这样再次请求时就无需再次编译程序集了。

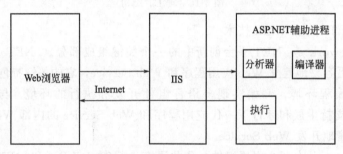

图 5-16　ASP.NET 应用原理

从图 5-16 可以看到，浏览器发出网页请求的过程如下：

发送请求：浏览器只是单纯地将网址发送给网站服务器。

发送源程序代码：当网站服务器收到浏览器的请求时，会将包含 ASP.NET 程序代码的网页源程序代码，发送给.NET Framework。

在.NET Framework 收到要求执行的程序代码之后，会直接执行源程序代码，最后产生并将标准的 HTML 文件返回给网站服务器。返回结果的过程如下：

返回标准的 HTML 文件：在.NET Framework 执行之后，其结果将会是不含 ASP.NET 程序代码的标准 HTML 文件。

返回 HTML 文件：在网站服务器接收到.NET Framework 返回的结果之后，它的工作就是将标准 HTML 文件回传给浏览器。

ASP.NET 的三层体系结构是逻辑关系上的分类，包括表示层（USL）、业务逻辑层（BLL）、数据访问层（DAL）。本项目就是采用这样的三层结构，将业务规则、数据访问、合法性校验等工作放到中间层业务逻辑层进行处理，浏览器端不直接与数据库进行交互，而是通过中间层与数据库进行交互，使得结构更清楚，分工更明确，从而方便了系统的维护。本系统的三层体系结构如图 5-17 所示，其中表示层是 WebSite，业务逻辑层是 Business，数据访问层是 SqlServer，DBUtility 是数据库通用类，Model 是实体类，实体类用于在三层之间传递数据。

图 5-17 三层体系结构的实际应用

5.5.5 数据库技术

5.5.5.1 ADO. NET 技术

ADO. NET 是 . NET Framework 中的一个类库，是在 ADO 技术基础上发展起来的全新面向对象的类库，是 ASP. NET 和 Windows Forms 应用访问各种数据源的标准服务，它的目的是为了能够让在 . NET 程序中操作数据。ADO. NET 包含了和数据存取有关的多种的类，使用 ADO. NET 会屏蔽数据库大量的复杂的数据操作，比 ADO 更适应于分布式及 Internet 等大型应用程序环境，这样开发人员在 C♯ 应用程序开发中，可以相对简单地完成数据库的基本操作，多人同时存取也更具扩展性。

ADO. NET 由两个核心组件构成，分别是 Dataset 和 . NET Framework 数据提供程序。

（1）Dataset 对象

Dataset 对象是专门为独立于任何数据源的数据访问而设计的，是数据的一种内存驻留表示形式，无论它包含的数据来自何种数据源，都会提供一致的关系编程模型。由于 Dataset 对象是数据库中检索到的数据在内存中的缓存，因此它支持在断线状态下访问数据。

Dataset 对象包含一个或多个 DataTable 对象，它具备存储多个表数据以及表间关系的能力。这些表就存储在 DataTable 对象中，而表间的关系则用 DataRelation 对象表示。

DataTable 在 System. Data 命名空间中定义，表示驻留在内存中的数据表。它包含着 DataColumn（数据列）集合所表示的列集合和 Constraint（数据约束）集合所表示的约束集合，这些列和约束一起定义了该表的逻辑结构。此外，DataTable 中还包含 DataRow（数据行）集合所表示的行集合，DataRow 集合则包含表中的数据。

DataRelation 对象使一个 DataTable 中的行与另一个 DataTable 中的行相关联，关系类似于数据库中的主键列和外键列之间的联接路径。集合中两个数据表的匹配列，能够在 Dataset 中从一个表导航至另一个表。DataRelation 的基本元素为关系的名称、相关表的名称以及每个表中的相关列。当关系被添加到 DataRelation 集合中时，如果对相关列值做出更改，则该关系可能会选择添加 UniqueKeyConstraint（唯一键约束）和 ForeinKeyConstraint（外键约束）来实现强制完整性约束。

（2）NET 数据提供程序

ADO. NET 的另一个核心元素是 . NET 数据提供程序，其目的是为了实现数据操作及其对数据的快速访问，为此包含了几个对象：Connection、Command、DataReader、DataAdapter。

Connection 对象提供与各种不同类型数据源的连接。

Command 对象能够访问用于返回数据、修改数据、运行存储过程以及发送或检索参数信息的数据库命令，其包含的可选 Parameters 集合中，可以定义数据库命令或存储过程的参数。

DataReader 对象从数据源中提供高性能的数据流，以便对数据进行快速访问。DataAdapter 提供连接 Dataset 对象和数据源的桥梁，使用 SelectCommand 对象在数据源中执行 SQL 命令，以便将数据加载到 Dataset 中，同时可以使用 InsertCommand、UpdateCommand 或 DeleteCommand 对象将 Dataset 中数据的更改返回到数据源中。

5.5.5.2　数据库的访问

本项目采用的是 MySQL 数据库，MySQL 是一种开放源代码的关系型数据库，有支持5000 万条记录的数据仓库，具有适应于所有的平台、开源软件、版本更新较快、性能出色及价格便宜等优点。

在数据库访问中使用的主要的数据库存取方法为 ADO. NET，创建一个基于ADO. NET 技术的数据库访问链路的步骤为：

① 导入命名空间；

② 建立一个数据库链接字符串，字符串中包含数据库服务器名、用户名、密码和数据库名等信息；

③ 向数据库发送 SQL 命令；

④ 返回命令执行结果，关闭数据库链接；

⑤ 用户对返回结果进行处理；将结果显示在用户界面上。

5.5.6　本地监控界面显示

本地监控计算机上采用 C/S 模式安装应用软件，打开软件进入软件的登录界面如图 5-18 所示。

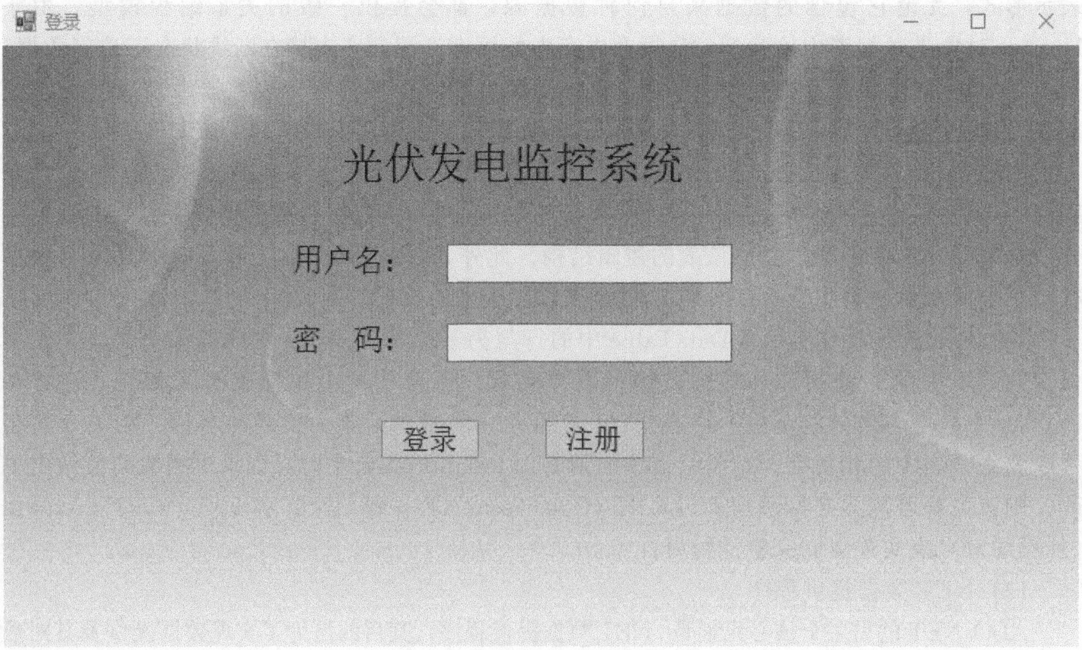

图 5-18　用户登录界面

在登录界面输入用户名和正确的密码后，进入系统的监控系统首页，然后通过界面上端的菜单进行监控，内容的具体显示如图 5-19 所示。

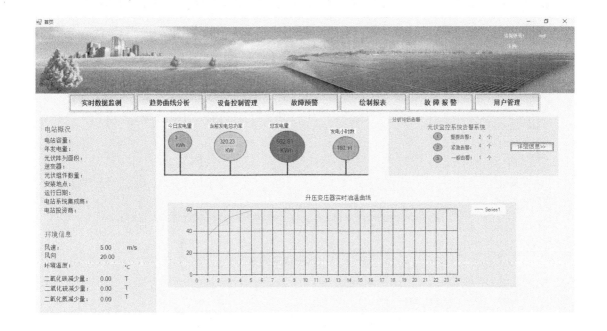

图 5-19　监控首页界面

图 5-20～图 5-22 是监控系统对于逆变器、故障信息和故障诊断的监控界面，在逆变器监控界面中显示了逆变器各个参数和运行状态，当出现故障时，相应的绿灯变为红灯并鸣笛报警。故障信息界面中显示了当前系统中出现的故障，通过故障诊断可更加清晰地显示，并提供一些相应的解决方案。

图 5-20　逆变器监控界面

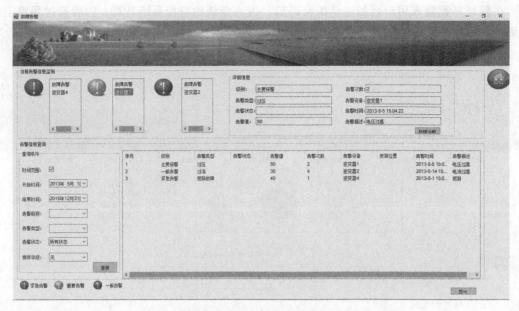

图 5-21　故障信息界面

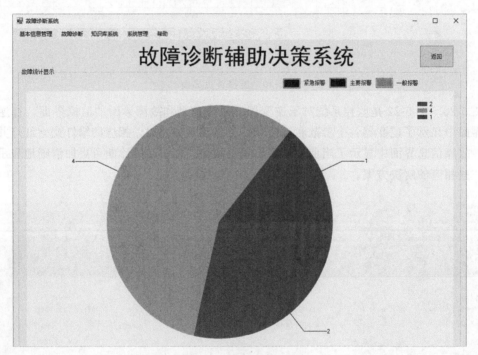

图 5-22　故障诊断界面

5.6　基于 Web 服务器的远程调度

5.6.1　远程监控

远程监控就是在调度中心通过通信网络对电站进行调度。电力调度中心从全局的角度出发，对整个电站系统进行监测和控制，它通过远程通信网络收集电网运行的实时信息，对电网的运行状态进行监视和安全性分析、状态估计、负荷预测、远程调控等，从而保证电网的安全稳定运行，提高电能质量，确保电网的经济运行并参与企业经营管理。本项目通过 Internet 连接本地监控室的 Web 服务器来实现与调度中心通信，调度中心与光伏电站的连接采用用于电力远动系统的基于 TCP/IP 的国际标准 IEC60870—5—144 的远动规约。

5.6.2 104 规约简介

IEC60870-5-144 规约简称 104 规约，它是国际电工委员会电力系统控制及其通信技术委员会（IECTC57）根据形式发展的要求制定的调度自动化系统和变电站自动化系统的数据通信标准，用于具有串行比特数据编码传输的远动设备和系统，用以对地理广域过程的监视和控制。制定远动配套标准的目的是使兼容的远动设备之间达到互操作。本配套标准利用了国际标准 IEC60870—5 系列文件，规定了 IEC60870—5—141 的应用层与 TCP/IP 提供的传输功能的结合，由于综合自动化站采样系统的限制是完全可以忽略不计的，它的传输延时就取决于网络负载，基本上是以几个毫秒来计算的。

104 规约改变了电网调度系统中传统的利用串口通信机制进行实时数据传输，取而代之的是利用 Internet 技术进行调度，相比于以前的远动技术，更加灵活、简单、经济。

5.6.3 数据通信的实现

本地监控室与调度中心的软件设计的核心是解决通信规约的实现问题。这部分也是采用 C♯语言和 VS2010 开发工具，采用模块化结构设计，分为 4 个部分来实现的。

① 与数据库建立连接：主要功能是通过 ADO.NET 与数据库建立连接。

② 调度中心与光伏电站建立连接：根据 104 网络传输规约实现调度中心与电站端的连接。

③ 规约解释：主要对接收到的报文，按照 104 规约的内容进行解释，对数据进行处理，使之变成可以为各线程模块所用的熟数据。

④ 界面显示：实现以网页的方式在屏幕上显示光伏电站的实时遥信、遥测信息，还可显示电站各部分的运行状况。

5.6.3.1 调度中心与电站的连接

此部分是远程通信的重点，根据 104 网络传输标准的相关规定，调度中心与电站建立 TCP 连接称为站初始化。这种连接的释放可以由控制站也可以由被控站提出。本项目中控制站是调度中心相当于客户（连接者），被控站是光伏并网电站相当于服务器（监听者），它们之间连接的建立有两种方式：

① 由一对控制站和被控站中的控制站建立连接；

② 两个平等的控制站，固定由其中一个站建立连接。

如图 5-23 所示，关闭一个已建立的连接，首先由控制站向 TCP 发出主动关闭请求，接着被控站向 TCP 发出被动关闭请求。图 5-24 显示建立一个新连接，首先由控制主站向 TCP 发出主动打开请求，接着被控站向 TCP 发出被动打开请求。最后图 5-25 显示可选择由被控站主动关闭连接。

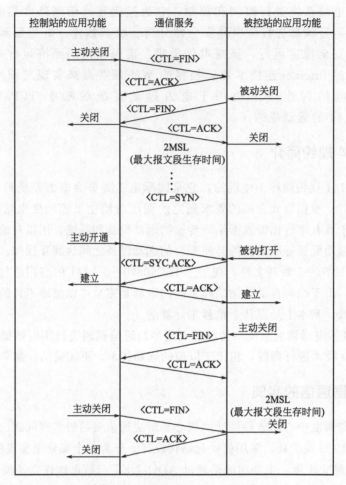

控制站的应用功能	通信服务	被控站的应用功能

图 5-23 TCP 连接的建立与关闭

图 5-24 显示控制站初始化时依次与每一个被控站建立连接。由子站 1 开始,控制站向 TCP 发出主动打开请求,如果被控站的 TCP 有监听状态(状态未显示在图中),连接就建立起来了。其他的被控站也重复相同的过程。

图 5-25 显示控制站反复尝试与被控站建立连接。直到被控站完成本地的初始化,向 TCP 发出被动打开请求,取得监听状态(状态未显示在图中),连接才成功。

图 5-26 显示控制站向 TCP 发出主动打开请求建立连接。然后向被控站发出 Reset _ Process 命令,被控站返回确认并向 TCP 发出主动关闭请求。控制站向 TCP 发出被动关闭请求后连接被释放。然后控制站向 TCP 循环发出主动打开请求,试着连接被控站。当被控子站完成初始化并再次可用,被控站返回 CLT = SYN,ACK。当控制站确认 CLT = SYN,ACK 后,连接建立。

5.6.3.2 104 规约流程图

104 规约流程图,如图 5-27、图 5-28 所示。

5.6.3.3 实例报文解析

根据对 104 规约的分析,本书以此项目中的一段通信程序来解析报文。

第一步:首次握手(U 帧)

发送→激活传输启动:68(启动符)04(长度)07(控制域)00 00 00

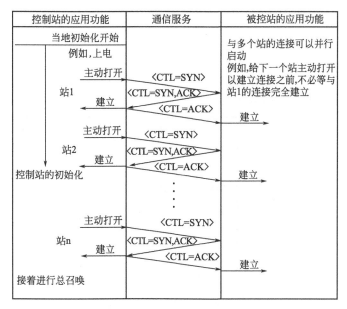

图 5-24 控制站的初始化

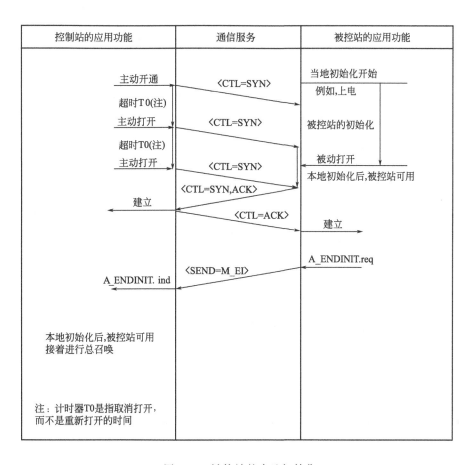

图 5-25 被控站的本地初始化

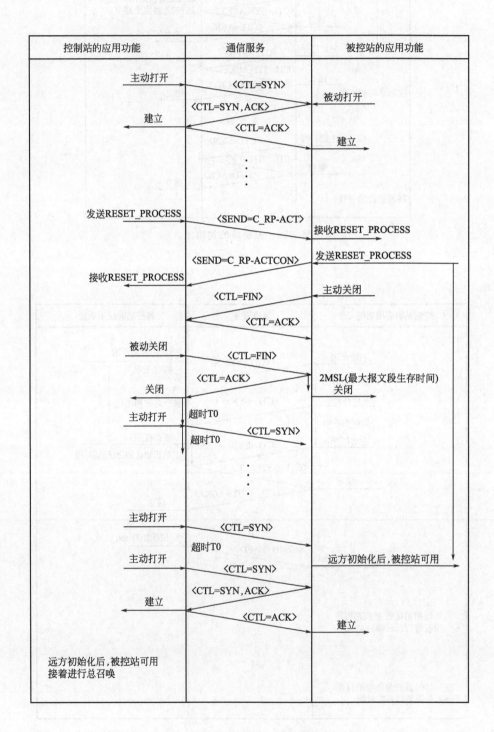

图 5-26　被控站的远方初始化

控制站检查链路是否刚建立
已建立
未建立则
继续检查
下发U格式的启动命令
等待启动确认报文
站召唤
对时命令(需要时进行)

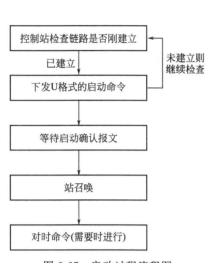

图 5-27 启动过程流程图

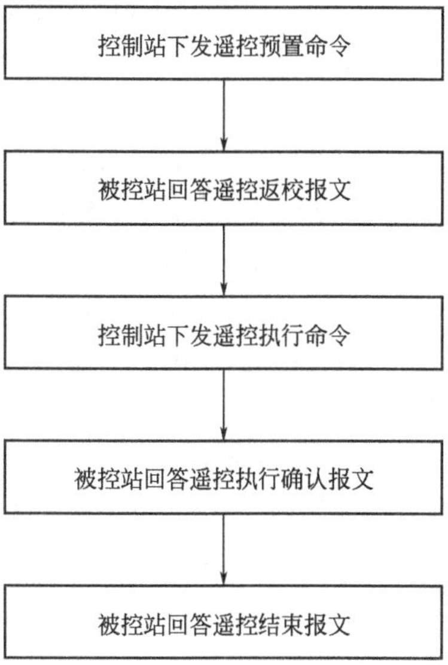

控制站下发遥控预置命令
被控站回答遥控返校报文
控制站下发遥控执行命令
被控站回答遥控执行确认报文
被控站回答遥控结束报文

图 5-28 遥控过程流程图

接收→确认激活传输启动：68（启动符）04（长度）0B（控制域）00 00 00

第二步：总召唤（I 帧）

召唤 RC（Remote Control 遥控）、RS（Remote Signal 遥信）（可变长 I 帧）初始化后定时发送总召唤，每次总召唤的间隔时间一般设为 10min 召唤一次，不同的主站系统设置不同。

发送→总召唤：68（启动符）0E（长度）00 00（发送序号）00 00（接收序号）64（类型标示）01（可变结构限定词）06 00（传输原因）01 00（公共地址即 RTU 地址）00 00 00（信息体地址）14（用于区分总召唤和分组召唤）

接收→S 帧：68 04 01 00 02 00

需要注意的是，记录接收到的长帧，双方可以按频率发送，比如接收 8 帧 I 帧回答 1 帧 S 帧，也可以要求接收 1 帧 I 帧就应答 1 帧 S 帧。

接收→总召唤确认（发送帧的镜像，只有传送原因不同）：

68（启动符）0E（长度）00 00（发送序号）00 00（接收序号）64（类型标示）01（可变结构限定词）07 00（传输原因）01 00（公共地址即 RTU 地址）00 00 00（信息体地址）14（用于区分总召唤和分组召唤）

发送→S 帧：68 04 01 00 02 00

接收→RS 帧（以类型标识 1 为例）：

68（启动符）1A（长度）02 00（发送序号）02 00（接收序号）01（类型标示，单点遥信）04（可变结构限定词，有 4 个遥信上送）14 00（传输原因，响应总召唤）01 00（公共地址即 RTU 地址）03 00 00（信息体地址，第 3 号遥信）00（遥信分）

发送→S 帧：68 04 01 00 04 00

接收→RS 帧（以类型标识 3 为例）：

68（启动符）1E（长度）04 00（发送序号）02 00（接收序号）03（类型标示，双点遥信）05（可变结构限定词，有 5 个遥信上送）14 00（传输原因，响应总召唤）01 00（公共地址）01 00 00（信息体地址，第 1 号遥信）02（遥信合）06 00 00（信息体地址，第 6 号遥信）02（遥信合）0A 00 00（信息体地址，第 10 号遥信）01（遥信分）0B 00 00（信息体地址，第 11 号遥信）02（遥信合）0C 00 00（信息体地址，第 12 号遥信）01（遥信分）

发送→S 帧：68 04 01 00 06 00

接收→RC 帧（以类型标识 9 为例）：

68（启动符）13（长度）06 00（发送序号）02 00（接收序号）09（类型标示，带品质描述的遥测）82（可变结构限定词，有 2 个连续遥测上送）14 00（传输原因，响应总召唤）01 00（公共地址）01 07 00（信息体地址，从 0X0701 开始第 0 号遥测）A1 10（遥测值 10A1）00（品质描述）89 15（遥测值 1589）00（品质描述）

发送→S 帧：68 04 01 00 08 00

接收→结束总召唤帧：

68（启动符）0E（长度）08 00（发送序号）02 00（接收序号）64（类型标示）01（可变结构限定词）0A 00（传输原因）01 00（公共地址）00 00 00（信息体地址）14（区分是总召唤还是分组召唤，2002 年修改后的规约中没有分组召唤）

发送→S 帧：68 04 01 00 0A 00

第三步：发送对时报文（通过设置光伏电站端的参数表中的"对间间隔"，单位是分钟，一般是 15min）

发送→对时命令：

68（启动符）14（长度）02 00（发送序号）0A 00（接收序号）67（类型标示）01（可变结构限定词）06 00（传输原因）01 00（公共地址）00 00 00（信息体地址）02（毫秒低位）03（毫秒高位）04（分钟）05（时）78（日与星期）09（月）0C（年）

接收→对时确认：

68（启动符）14（长度）0C 00（发送序号）02 00（接收序号）67（类型标示）01（可变结构限定词）07 00（传输原因）01 00（公共地址）00 00 00（信息体地址）＊＊（毫秒低位）＊＊（毫秒高位）＊＊（分钟）05（时）78（日与星期）09（月）0C（年）

发送→S 帧：68 04 01 00 0E 00

第四步：电度总召唤（如果没有电度此步骤可以省略，也可以在对时之前传送。通过设置参数表中的"全数据扫描间隔"，单位是分钟一般是 10min 召唤一交，如果不需要召唤电度一定要将参数中的电度个数设为 0）

发送→召唤电度：

68（启动符）0E（长度）04 00（发送序号）0E 00（接收序号）65（类型标示）01（可变结构限定词）06 00（传输原因）01 00（公共地址）00 00 00（信息体地址）45（品质描述）

接收→召唤确认（发送帧的镜像，只有传送原因不同）：

68（启动符）0E（长度）10 00（发送序号）06 00（接收序号）65（类型标示）01（可变结构限定词）07 00（传输原因）01 00（公共地址）00 00 00（信息体地址）45（品质描述）

发送→S 帧：68 04 01 00 12 00

接收→电度数据：

68（启动符）1A（长度）12 00（发送序号）06 00（接收序号）0F（类型标示）02（可变结构限定词，有两个电度量上送）05 00（传输原因）01 00（公共地址）01 0C 00（信息体地址，从 0X0C01 开始第 0 号电度）00 00 00 00（电度值）00（描述信息）02 0C 00（信息体地址，从 0X0C01 开始第 1 号电度）00 00 00 00（电度值）01（描述信息）

发送→S 帧：68 04 01 00 14 00

接收→结束总召唤帧：

68（启动符）0E（长度）14 00（发送序号）06 00（接收序号）65（类型标示）01（可变结构限定词）0A 00（传输原因）01 00（公共地址）00 00 00（信息体地址）45（品质描述）

发送→S 帧：68 04 01 00 16 00

第五步：如果光伏电站端有变化数据则主动上送，主动上送相当于遥信，类型标识为 1 或 3

接收→遥信：

68（启动符）0E（长度）16 00（发送序号）06 00（接收序号）01（类型标示，单点遥信）01（可变结构限定词，有 1 个变位遥信上送）03 00（传输原因，表突发事件）01 00（公共地址即 RTU 地址）03 00 00（信息体地址，第 3 号遥信）00（遥信分）

发送→S 帧：68 04 01 00 18 00

接收→遥信：

68（启动符）0E（长度）18 00（发送序号）06 00（接收序号）03（类型标示，双点遥信）01（可变结构限定词，有 1 个变位遥信上送）03 00（传输原因，表突发事件）01 00（公共地址即 RTU 地址）06 00 00（信息体地址，第 6 号遥信）01（遥信分）

发送→S 帧：

68 04 01 00 1A 00

主动上送 SOE，类型标识为 0X1E 或 0X1F

接收→SOE：

68（启动符）15（长度）1A 00（发送序号）06 00（接收序号）1E（类型标示，单点遥信）01（可变结构限定词，有 1 个 SOE）03 00（传输原因，表突发事件）01 00（公共地址即 RTU 地址）08 00 00（信息体地址，第 8 号遥信）00（遥信分）AD（毫秒低位）39（毫秒高位）1C（分钟）10（时）7A（日与星期）0B（月）05（年）

发送→S 帧：68 04 01 00 1C 00

接收→SOE：

68（启动符）15（长度）1C 00（发送序号）06 00（接收序号）1F（类型标示，双点遥信）01（可变结构限定词，有 1 个 SOE）03 00（传输原因，表突发事件）01 00（公共地址即 RTU 地址）0A 00 00（信息体地址，第 10 遥信）01（遥信分）2F（毫秒低位）40（毫秒高位）1C（分钟）10（时）7A（日与星期）0B（月）05（年）

第六步：如果主站超过一定时间没有下发报文或电站端也没有上送任何报文，则双方都可以按频率发送 U 帧测试帧

发送→U 帧：68 04 43 00 00 00

接收→应答：68 04 83 00 00 00

第七步：遥控

发送→遥控预置：

68（启动符）0E（长度）20 00（发送序号）06 00（接收序号）2E（类型标示）01（可变结构限定词）06 00（传输原因）01 00（公共地址即 RTU 地址）05 0B 00（信息体地址，遥控号＝0XB05-0XB01＝4）02（控合）

接收→遥控返校：

68（启动符）0E（长度）0E 00（发送序号）06 00（接收序号）2E（类型标示）01（可变结构限定词）07 00（传输原因）01 00（公共地址即 RTU 地址）05 0B 00（信息体地址，遥控号＝0XB05-0XB01＝4）02（控合）

发送→遥控执行：

68（启动符）0E（长度）04 00（发送序号）18 00（接收序号）2E（类型标示）01（可变结构限定词）06 00（传输原因）01 00（公共地址即 RTU 地址）05 0B 00（信息体地址，遥控号＝0XB05-0XB01＝4）02（控合）

接收→执行确认：

68（启动符）0E（长度）12 00（发送序号）08 00（接收序号）2E（类型标示）01（可变结构限定词）07 00（传输原因）01 00（公共地址即 RTU 地址）05 0B 00（信息体地址，遥控号＝0XB05-0XB01＝4）02（控合）

发送→遥控撤销：

68（启动符）0E（长度）04 00（发送序号）18 00（接收序号）2E（类型标示）01（可变结构限定词）08 00（传输原因）01 00（公共地址即 RTU 地址）05 0B 00（信息体地址，遥控号＝0XB05-0XB01＝4）02（控合）

接收→撤销确认：

68（启动符）0E（长度）12 00（发送序号）08 00（接收序号）2E（类型标示）01（可变结构限定词）09 00（传输原因）01 00（公共地址即 RTU 地址）05 0B 00（信息体地址，遥控号＝0XB05-0XB01＝4）02（控合）

补充说明：

① 报文中的长度指的是除启动字符与长度字节的所有字节。

② 注意长帧报文中的"发送序号"与"接收序号"具有抗报文丢失功能。

③ 常用的类型标识。

遥测：09——带品质描述的测量值，每个遥测值占 3 个字节

0A——带 3 个字节时标的且具有品质描述的测量值，每个遥测值占 6 个字节

0B——不带时标的标度化值，每个遥测值占 3 个字节

0C——带 3 个时标的标度化值，每个遥测值占 6 个字节

0D——带品质描述的浮点值，每个遥测值占 5 个字节

0E——带 3 个字节时标且具有品质描述的浮点值，每个遥测值占 8 个字节

15——不带品质描述的遥测值，每个遥测值占 2 个字节

遥信：01——不带时标的单点遥信，每个遥信占 1 个字节

03——不带时标的双点遥信，每个遥信占 1 个字节

14——具有状态变位检出的成组单点遥信，每个字节 8 个遥信

SOE：02——带 3 个字节短时标的单点遥信

04——带 3 个字节短时标的双点遥信

1E——带 7 个字节时标的单点遥信

04——带 7 个字节时标的双点遥信

KWH：0F——不带时标的电能量，每个电能量占 5 个字节

10——带 3 个字节短时标的电能量，每个电能量占 8 个字节

25——带 7 个字节短时标的电能量，每个电能量占 12 个字节

其他:

2E——双点遥控

2F——双点遥调

64——召唤全数据

65——召唤全电度

67——时钟同步

④ 常用的传送原因列表。

1——周期、循环

2——背景扫描

3——突发

4——初始化

5——请求或被请求

6——激活

7——激活确认

8——停止激活

9——停止激活确认

0A——激活结束

14——响应总召唤

5.6.4　调度中心界面显示

在 IE 浏览器的地址栏输入 subrinaliu. oicp. net，登录到光伏并网监控系统的用户登录界面，如图 5-29 所示。该界面显示了监控系统的基本信息，登录成功后可以进一步了解更多的光伏并网电站运行状态和环境参数信息。登录界面是管理员进入系统的通道，它屏蔽了非法进入系统的用户，通过此方法保障了光伏并网监控系统的安全性。

图 5-29　用户登录界面

在登录界面输入用户名和正确的密码后，进入系统的主监控界面，然后通过左列菜单进行界面的选择。

当前电站运行信息界面如图 5-30 所示，实时显示了当前发电总功率、累计总发电量、上网有功电量和当前的环境情况。

图 5-30　当前电站运行信息

逆变器监控界面如图 5-31 所示，它可实时显示每台逆变器的运行参数包括：电压、电流、功率、日发电量、累计发电量、累计 CO_2 减排量、日发电功率曲线；监视故障信息包

图 5-31　逆变器监控界面

括：电网过电压、电网低电压、逆变器过载、逆变器短路、DSP 故障、通信失败等。

汇流箱监控界面如图 5-32 所示，汇流箱有 16 路输入，界面上会显示每台汇流箱的每路电流，如果某路电流过低，显示电流值的框变为红色报警，图像清晰，报警明确直观。图 5-33 为日照强度监视界面。

图 5-32　汇流箱监控界面

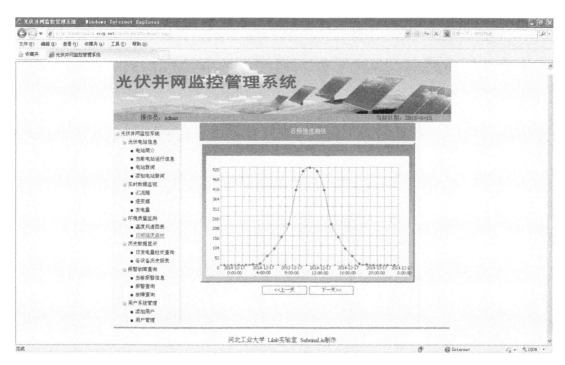

图 5-33　日照强度监视界面

报警信息查询界面如图 5-34 所示，以年、月、日、时、分、秒格式显示每 1 条上传的装置故障信息和告警信息，并存储到硬盘中，供历史检索。

图 5-34　报警信息查询界面

第6章

光伏发电系统的优化设计

6.1 光伏发电系统优化设计的概述

光伏电池的输出特性具有强烈的非线性，且受外界环境因素影响大，所以如何有效地利用太阳能，提高太阳能利用效率，成为太阳能利用中一个迫切需要解决的问题。本章以光伏发电系统为研究对象，以最大限度利用太阳能为主要目标，从分布式光伏系统设计的角度分析光伏发电系统的效率、成本、可靠性优化问题。并构建系统数学模型，研究光伏电池板组串分布、逆变器功率配合与发电效率、成本及可靠性的关系。本章的主要研究内容归纳如下：

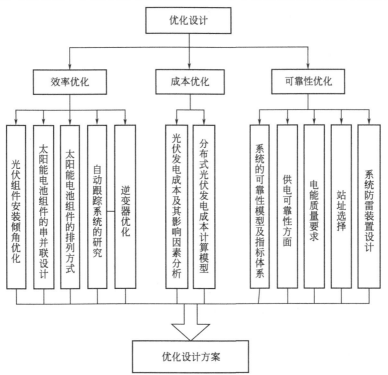

图 6-1 光伏发电系统整体优化设计图

① 首先研究分布式发电系统效率优化的设计问题。分析基于分布式光伏发电系统的各部分构成，建立系统数学模型，研究光伏板类型选择、安装角度、间距，优化光伏组件的输出能力；并研究光伏电池板组串分布、逆变器功率配合与发电效率以及电能质量的关系；研究光伏板和逆变器之间的匹配关系，光伏板特性和逆变器特性（包括不同 MPPT 策略）对发电效率的影响，研究其效率优化的主要方法；

② 分布式光伏发电系统的成本优化。分布式光伏发电成本决定于多方面的因素，包括装机成本、日照条件、投资回收期和运营维护费用等。每个因素都有独立的变化性，相互影响也十分明显。本章主要研究在设计环节上如何最大程度减少决定电价的各因素的成本来实现成本优化。

③ 分布式光伏发电系统的可靠性分析。光资源的波动性和间歇性特性对发电质量和电网稳定有很大影响，准确评估其可靠性十分重要。通过分析分布式光伏发电系统的结构以及出力特点，建立考虑能源约束发电系统可靠性模型，并从时间、出力、系统这个层面建立综合评价系统可靠性的指标体系，并提供可靠性设计方法。

在上面优化设计方法研究的基础上，完成分布式光伏发电系统整体优化设计标准的建立，如图 6-1 所示。

6.2 分布式光伏发电系统效率优化设计

6.2.1 光伏组件安装倾角优化

在光伏发电系统中，光伏组件倾角的选择直接影响光伏发电系统发电量的大小。组件安装倾角的确定是获得系统最大发电量的关键所在。

(1) 地理位置分析

光伏电站站址的选择对发电成本有非常重要的影响。光伏发电站选址不合理的选择会直接造成光伏电站发电量的损失和维修费用的增加，整体的效益和运行寿命会大大降低，并且还可能对周围环境造成影响。因此，光伏发电站的地址选择显得尤为重要。

(2) 气象数据的整理

光伏电站的前期开发调研，首先应该获取当地的气象资料，分析当地气象情况，判断是否适合在该地区建设光伏电站。如果该地区没有气象站，也可以通过免费方式获取相关气象数据，如美国 NASA 网站。

(3) 太阳能辐射量的计算模型

水平面和倾斜面上获得的太阳能辐射量均符合光的直射散射分离原理，即总的辐射量等于直接辐射与散射辐射之和，有所区别的是光伏组件阵列面上获得的辐射还包括了光线射向地面后反射到组件表面的辐射，而水平面就没有，气象站一般只提供水平面上测得的太阳能辐射资料。一块光伏组件每小时的发电量多少是受很多综合因素影响的，其中包括由组件平面上每小时接收到的平均太阳能辐射量、周围的环境温度及其他设备的特性。由于光伏组件面安装时大多会倾斜安装，在计算光伏阵列的输出时，需要将测量到的水平面上的记录的辐射强度值按照一定的关系反映到倾斜面上。因此，我们需要经过比较复杂的数学模型，来确定组件倾斜面上的太阳能辐射量。如何才能使倾斜面上的太阳能辐射量最大，是光伏发电系统最大发电量研究的关键点之一，因此，我们首先对计算太阳能辐射量的 Klien 模型进行分析。

倾角为 β 倾斜面太阳辐射强度 Klien 模型表达为：

$$H_T = H_b R + \frac{1}{2} H_d (1 + \cos\beta) + \frac{1}{2} \rho H (1 - \cos\beta) \tag{6-1}$$

其中倾斜面与水平面直接辐射之比：

$$R_b = \frac{\cos(\varphi - \beta)\cos\delta\cos\omega + \sin(\varphi - \beta)\sin\delta}{\cos\varphi\cos\delta\cos\omega + \sin\varphi\sin\delta} \tag{6-2}$$

$$\delta = 23.5\sin\left[\frac{360(284 + n)}{365}\right] \tag{6-3}$$

式中，φ 为当地纬度；δ 为太阳赤纬；ω 为时角；n 为一年中从 1 月 1 日算起的天数；ρ 为地表反射率。这里选取地面反射率为 20%。

利用上述公式，根据当地纬度和气象资料来计算朝向赤道放置倾斜角为 β 的倾斜面太阳辐射量。

(4) 太阳能电池电力输出计算模型

太阳能电池的输出具有曲线特性，受温度、光照强度和用电负载等影响，在规定的温度和光照强度下，只有在一个特定的输出电压下，光伏系统的输出功率才能达到最大值，这就是光伏发电系统的最大功率跟踪技术。太阳能电池主要是受光照的影响比较大，比如夜晚或者白天多云情况下，电池就会没有输出或者输出较小。温度高反而太阳能电池的功率会降低，光伏组件温度 T 表示如下

$$T = T_E + K H_t \tag{6-4}$$

式中，T_E 为环境温度；H_t 为光照强度，W/m^2；K 为根据大量试验数据可取为 0.03 $(K \cdot m^2)/W$。

目前有很多计算太阳能电池组件电力输出的模型，大多需要考虑很多因素，计算较复杂，有些参数难以获得，且不具有实用性。本文选择比较实用的模型：

$$E = \frac{H_t[c_1 + c_2(T - 273.15)]}{H_f A} \tag{6-5}$$

式中，E 为光伏电池的电力输出，W/m^2；H_t 为入射太阳辐射强度，W/m^2；T 为光伏电池表面温度，K；c_1 为实验标定的常数，W；H_f 为标定的太阳辐射强度，W/m^2；c_2 为太阳能电池组件的温度系数，W/K。

(5) 最佳倾角计算和结果分析

① 分析方法　本文计算最佳倾角所采取的方法可称之为等差寻优法，具体计算方法如下所述。以 Klien 模型为依据，根据当地地理气象数据条件编写相应计算机程序，使用自动计算程序来计算并获取最大发电量所对应的倾角。对于并网系统计算思路是，取当地的经纬度，以及当地的水平辐射数据等相关信息。在大于当地纬度，通过模型以 1°为等差值，在当地纬度的 -10°～+10°范围内，计算其倾斜面上的辐射值。并与上一次计算结果相比较，选择出最大数值对应的倾角，此倾角即为最大发电量对应的倾角。对于独立系统，计算思路与上述一致，只是寻优范围不同，独立系统的寻优范围在当地纬度值到大于当地纬度 30°的范围之内。

② 独立系统最佳倾角分析　对于离网光伏发电系统，一般要求系统的冬季发电量较大，但也有特殊的离网供电系统，比如通信基站、燃气 RTU 控制箱，要求系统一年 365 天 8700 多小时不间断供电，对于此类供电系统要求一年中辐射量最小的那一天角度为最优，冬至日太阳能辐射量最小，每年的冬至日是夜晚时间最长，白天时间最短的时候，路灯开启需要最长的时间，即要求光伏方阵倾角调整至冬季接收到的太阳辐照量最大，保证冬至日在水平面辐射一定的情况下发电量最大。

③ 并网系统最佳倾角分析　并网光伏电站一般装机容量较大，想要获得最大的发电量，倾角的选择显得尤为重要。在太阳能光伏电站的设计过程中，太阳能电池支架安装的倾角大小对并网光伏电站的上网电量和光伏电站实际的占地面积影响很大，对于固定式安装方法，倾角越大，在装机容量一定时，所占用的面积越大。

通过分析两种倾斜面辐射计算模型，在已有组件安装角度选择的相关文献基础上，基于 Klien 模型和相关数据，提出按照等小时计算太阳能辐射的方法来确定组件安装角度的一种新思路。同时也提出了一种新的关于最佳倾角寻找方法的等差寻优法。

(6) 太阳能电池方阵前后间距的计算

当光伏电站功率较大时，需要前后排布置太阳能电池方阵。当太阳能电池方阵附近有高大建筑物或树木时，需要计算建筑物或前排方阵的阴影，以确定方阵间的距离或太阳能电池方阵与建筑物的距离。一般的确定原则为：冬至当天早 9：00 至下午 3：00，太阳能电池方阵不应被遮挡。计算公式如下：

光伏方阵间距或可能遮挡物与方阵底边的垂直距离应不小于 D：

$$D = \frac{0.707H}{\tan[\arcsin(0.648\cos\varphi - 0.399\sin\varphi)]} \tag{6-6}$$

式中，φ 为纬度（在北半球为正、在南半球为负）；H 为光伏方阵或遮挡物与可能被遮挡组件底边的高度差。

6.2.2　太阳能电池组件的串并联设计

太阳能电池组件串并联设计的基本原则是：

① 太阳能电池组件串联的数量由逆变器的最高输入电压和最低工作电压以及太阳能电池组件允许的最大系统电压所确定。太阳能电池串的并联数量由逆变器的额定容量确定。

② 目前，500kW 逆变器的最高允许输入直流工作电压为 880V（随着逆变技术及大容量开关器件的发展，逆变器已经可以做到最大输入 1000V 的直流系统电压），MPPT 输入电压范围为 450～820V 或更宽。在进行光伏系统组、串设计时，尽量保证在温度和辐照变化时，使光伏阵列电压工作在逆变器的 MPPT 范围内，减小逆变器故障率，保证光伏系统发电量最高。

电池组件串联数量计算

计算方法：

$$INT(U_{dcmin}/U_{mp}) \leqslant N \leqslant INT(U_{dcmax}/U_{oc})$$

式中，U_{dcmax} 为逆变器输入直流侧最大电压；U_{dcmin} 为逆变器输入直流侧最小电压；U_{oc} 为电池组件开路电压；U_{mp} 为电池组件最佳工作电压；N 为电池组件串联数。

③ 太阳能电池组件输出可能的最低电压条件　太阳辐射强度最小，这种情况一般发生在日出、日落时；组件工作温度最高。

④ 太阳能电池组件输出可能的最高电压条件 太阳辐射强度最大；组件工作温度最低，这种情况一般发生在冬季中午至下午时段。

6.2.3　太阳能电池组件的排列方式

将一个或几个太阳能电池组件固定在一个支架单元上称为太阳能电池组串单元。一个太阳能电池组串单元中太阳能电池组件的排列方式有多种，但是为了接线简单，线缆用量少，施工复杂难度低，在以往工程计算的基础上，确定晶硅组件排列方式分为：将 20 块组件分成 1 行 20 列，每块纵向放置，再将 2 组 20 块组、串纵向叠加放置；由于大尺寸薄膜组件可以两块或三块组件串联使用，因此大尺寸薄膜组件排列方式为 18 块或 24 块单排放置，既可以两块组件串联使用也可以三块组件串联使用；小尺寸薄膜组件视具体尺寸以方便安装、节省支架成本为好。

6.2.4　自动跟踪系统的研究

太阳能电池组件的支架多采用固定的方式安装，这种安装方式不仅成本低廉，而且结构稳固操作简单，但是太阳的运动轨迹在天空中是不断变化的，每天中绝大部分的时间阳光是不能垂直射向太阳能电池组件的，如此一来也就意味着发电系统不能充分利用阳光。为了提高光伏电站的有效日照时间，从而增加发电量，光伏厂商已经开始研发并应用一种在一定的光照时间内使电池组件能追踪太阳的运动轨迹，从而保持光线与太阳能电池组件的相对垂直，能提供更多有效日照小时数的自动跟踪装置。太阳能电池组件的发电效率和它与太阳光的直射角度有很大关系。当太阳能组件被太阳光线直射时，即组件的感光面和太阳光线的夹角相垂直时，其接受的辐射量最大，以地球为参照物，太阳处在不断运动之中，电池组件和太阳光的夹角肯定小于垂直时的夹角，其发电量也会因此而变小，如果要增加系统的发电量，可以用调整太阳能电池组件朝向的方法，让其感光面始终朝向太阳，让太阳能电池组件保持这种方向。此种实时的能使太阳能电池组件的感光面和太阳光线保持垂直的太阳能发电系统，称为太阳能自动跟踪系统。光伏产业比较发达的国家如西班牙、德国、美国、意大利等，陆陆续续诞生了很多生产跟踪系统的专业厂家，推出了多种形式的自动跟踪系统；中国国内目前也有很多厂家在规划和生产不同种类的自动追踪系统。大中型光伏电站一般占用较大的面积，土地问题一般是建设光伏电站前期考虑的重要因素。太阳的运动轨迹并不是日复一日地在重复，所以自动跟踪系统的运动过程中不是固定地遮挡后排组件，而且每个跟踪支架独立运行，在荒漠、草场、戈壁滩、花园都可以安装，不影响场地种植物的生长，因此这能更充分利用土地资源，而且采用自动跟踪系统还可以产生更环保、更节能的综合社会效应。光伏组件光电转化效率的提高，就等于相对减少了同等规模光伏电站组件的使用量，从而间接避免了电池组件生产过程中的高污染、高耗能。作为新型的能源，太阳能光伏发电污染小，能对人类的可持续发展提供更有效的保障。目前，国内外绝大部分的大中型光伏发电站多采用最传统的固定式的安装方式。这种安装方式并不是主流发展趋势。

（1）平单轴跟踪系统

单轴跟踪，顾名思义即仅有一个旋转轴来改变电池组件的角度，从而来达到太阳光垂直于电池组件面板，增大光强度从而提高光伏转化率。如图 6-2 所示。

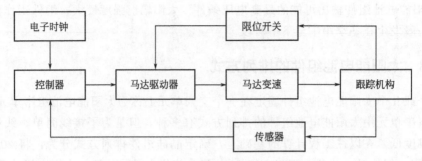

图 6-2　单轴跟踪系统控制原理图

图 6-2 为单轴跟踪系统控制原理图，单轴跟踪系统是以一个固定的转速跟踪旋转，因为地球本身的自转速度是固定的，大约 24h 旋转一周，而太阳的运动时角是由东向西均匀变化的，好比 24h 一周的钟表。平单轴跟踪支架，通过其在东西方向上的旋转，以保证每一时刻太阳光与太阳能电池板面的法线夹角为最小值，以此来获得较大的发电量。

平单轴跟踪支架只改变太阳能电池组件自东向西方向的倾斜角度，南北方向倾斜角度为固定值。一般可以横向连成一排同时联动运行。其结构简单、运行稳定可靠，全部跟踪信号来自于传感器，跟踪系统无需起始定位，可适应各种天气。只要传感器感应到光信号，系统就会在其设置范围内自动跟踪，无论在任何方位再启动都不会迷失方向。白天光照传感器感应不到光照时，跟踪系统自动停止工作，一旦日出，无论此时传感器与太阳的角度是多少，都会即刻追踪，晚上，系统停在西方，次日清晨日出，系统会在几分钟内调整到位，转向东方。

（2）斜单轴跟踪系统

如果单轴系统的转动轴与地面成一定倾角，即光伏组件的方位角不为 0，则称为极轴单轴跟踪。倾斜单轴跟踪支架，是在固定太阳能电池组件倾角的基础上，围绕该倾斜的轴旋转追踪太阳方位角，以获取更大的发电量。斜单轴自动跟踪系统的光伏方阵可以围绕一根斜轴旋转，系统是在东西方向跟踪太阳运行的。斜单轴跟踪装置主要由电机转动装置、倾斜转动轴、太阳能电池支架、跟踪系统控制装置和风速光照传感器等组成，相比于固定支架安装的光伏发电站，在单轴跟踪装置中斜单轴自动跟踪装置的发电量是比较大的，斜单轴自动跟踪系统的优势在于既可以按照电站的不同情况调节支架的最佳倾角，又可通过传动系统追踪太阳的方位角。在既能考虑到倾斜角度又能考虑到方位角的情况下，斜单轴跟踪系统能够更大程度地提高光伏系统的发电效率。

（3）双轴跟踪系统

双轴自动跟踪是沿着两个旋转轴运动的。与斜单轴不同的是，倾斜角度非固定值而是变化的。这样完全跟踪太阳的运动轨迹，从理论上来说可以使得入射角为零。电机的动力输入，再输入涡轮涡杆，将其竖直平面的运动转换成水平面的回转运动，与此同时位置传感器实时地采集系统转动角度，为控制系统输入采集数据，从而实现了水平回转方向的自动跟踪控制。单轴跟踪只是在追踪太阳的方位角，高度角作季节性调整，双轴跟踪是两个角度跟踪，原则上是优于单轴跟踪的。

（4）自动跟踪系统模型

单轴跟踪运动示意图如图 6-3 所示。以单轴跟踪来建立跟踪系统模型，跟踪角为 ρ，高度角为 α，太阳方位角为 γ_s，通过以下公式可以求得跟踪角度，组件表面环绕轴旋转时，太

阳的入射光线能落在跟踪面和跟踪轴的法线所成的平面上，其运动模型为

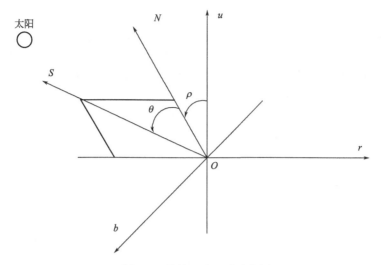

图 6-3　单轴跟踪运动示意图

$$\rho = \arctan\left\{ \frac{\cos\alpha\sin(\gamma_s - \gamma)}{\sin(\alpha - \beta) + \sin\beta\cos[1 - \cos(\gamma_s - \gamma)]} \right\} \tag{6-7}$$

$$\gamma_s = \sigma_{ew} \times \sigma_{ns} \times \gamma_{so} + \left(\frac{1 - \sigma_{ew} \times \sigma_{ns}}{2} \right) \times \sigma_w \times 180° \tag{6-8}$$

$$\alpha = \sin^{-1}\left(\sin\delta\sin\phi + \cos\delta\cos\phi\cos\omega \right) \tag{6-9}$$

$$\gamma_{so} = \sin^{-1}\left(\frac{\sin\omega\cos\sigma}{\cos\alpha} \right) \tag{6-10}$$

$$\sigma_{ns} = \begin{cases} 1, & \text{当 } \phi(\phi - \delta) \geqslant 0 \\ -1, & \text{其他} \end{cases} \tag{6-11}$$

$$\sigma_{ew} = \begin{cases} 1, & \text{当 } \sigma_{ew} \geqslant |\omega| \\ -1, & \text{其他} \end{cases} \tag{6-12}$$

$$\omega_{ew} = \arccos(\tan\delta/\tan\phi) \tag{6-13}$$

$$\sigma_w = \begin{cases} 1, & \text{当 } \omega \geqslant 0 \\ -1, & \text{其他} \end{cases} \tag{6-14}$$

式中，ω 为时角；δ 为赤纬角；α 为太阳高度角；β 为组件倾角；ϕ 为纬度；γ 为组件方位角；γ_s 为太阳方位角；ρ 为跟踪角度。

6.2.5　逆变器优化

太阳能电池发出的电为直流电，而绝大多数用电设备为交流负载。因此，从组件流出的直流电流需经过逆变器变为交流电流。逆变器是光伏系统除了组件之外最重要的设备。逆变器的转换效率是极其重要的参数。在组件发出电量不变的情况下，效率高的逆变器能提供更多的上网电量。因此，逆变器直接关系到光伏系统的最大发电量。

光伏逆变器作为光伏发电系统的一个重要部件，其转换效率的高低也直接影响光伏发电系统的整体效率。常规太阳能发电系统所用逆变器均采用低频逆变技术、工频变压器，所以

具有体积大、重量大、效率低、音频噪声大等缺点，不利于电力电子变换装置向小型化、轻量化、高效化发展。近年来，随着电力电子装置向小型化、轻量化、高效化发展，高频链技术引起人们越来越多的兴趣。我们知道传统低频逆变器中工频变压器损耗占整个逆变系统损耗的很大部分，而采用高频链逆变技术，一方面系统将使用高频变压器实现变压与输入输出的电气隔离，不仅减小了变压器的体积与重量，最重要的是可以减小系统在变压器上浪费的损耗；另一方面高频变压器的制作将使用铁氧体作为磁芯材料，此材料铁损较低，有利于减少变压器的涡流损耗，进而又可以减小系统的整体损耗。因此，使用具有高频链逆变技术的变换器对提高光伏发电系统的整体效率具有理论意义与实用价值。

6.3 系统成本优化

本节将建立分布式光伏发电成本计算模型，对光伏发电成本及其影响因素分析，包括单位装机成本对成本电价的影响、年满负荷发电时间对于成本电价的影响、投资回收期对于成本电价的影响、运营维护费对于光伏发电成本电价的影响以及现阶段的光伏发电成本及投资效益分析。

6.3.1 分布式光伏发电成本计算模型

光伏发电成本组成见图 6-4。

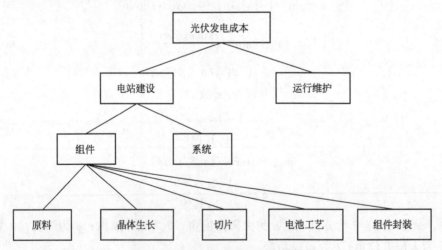

图 6-4　光伏发电成本组成示意图

综合图 6-4 可列出太阳能光伏发电成本

$$C = \frac{C_{kw} \times W_P + C_m \times n}{nhfW} \tag{6-15}$$

式中，C 为太阳能光伏发电成本，元/kW·h；C_{kw} 为电站建设成本，元/kWp；W_P 为电站在标准峰值辐照下的发电功率，kWp；C_m 为每年运行维护费，元；n 为电站运行时间；h 为以当地全年太阳辐照量折算出的标准峰值辐照时间，h/a，世界不同地区的标准峰值辐照时间一般都可查到，标准峰值辐照强度为 1000W/m²；f 为系统输出功率系数，%；W 为电站运行一定时间考虑系统衰减后的平均发电功率，kW，该值可通过发电功率衰减系数求得。

其中电站建设成本包括组件成本和系统配套与安装成本，即

$$C_{kw} = C_{kw\text{-}m} + C_{kw\text{-}sys}$$

式中，$C_{kw\text{-}m}$ 为组件成本，元/kWp；$C_{kw\text{-}sys}$ 为系统配套与安装成本，元/kWp。

而组件成本又可表示为：

$$C_{kw\text{-}m} = C_{kw\text{-}fs} + C_{kw\text{-}cry} + C_{cut} + C_{cell} + C_{caps} \tag{6-16}$$

式中，$C_{kw\text{-}fs}$ 为硅料成本，元/kWp；$C_{kw\text{-}cry}$ 为晶体生长成本，元/kWp；C_{cut} 为切片成本，元/kWp；C_{cell} 为电池工艺成本，元/kWp；C_{caps} 为组件封装成本，元/kWp。

其中：
$$C_{kw\text{-}fs} = C_{kg\text{-}fs} \times m_{kw}$$
$$C_{kw\text{-}cry} = C_{kg\text{-}cry} \times m_{kw}$$

式中，$C_{kg\text{-}fs}$ 为每千克硅料成本，元/kg；$C_{kg\text{-}cry}$ 为每千克晶体生长成本，元/kg；m_{kw} 为每千峰瓦硅料用量，kg/kWp。

其中每千峰瓦硅料用量 m_{kw} 可表示为：

$$m_{kw} = \frac{(t+k) \times A \times \rho}{\eta \times A \times p_{cry} \times p_{cell}} = \frac{(t+k) \times \rho}{\eta \times p_{cry} \times p_{cell}} \tag{6-17}$$

式中，t 为硅片厚度，μm；k 为锯缝损失厚度，μm；A 为硅片面积；p_{cry} 为晶体生长收得率，%；p_{cell} 为电池收得率，%；ρ 为硅片比重；η 为电池光电转换效率，%。

6.3.2 光伏发电成本及其影响因素分析

(1) 单位装机成本对成本电价的影响

按照回收期 20 年，贷款比例为 80%，贷款利率 7%，运营费用 2% 计算。假设当地的年满负荷发电时间为 1500h，用 CFD 经济评价软件计算得到不同的单位装机成本所对应的成本见表 6-1。

表 6-1 电价表

单位装机成本/元/kW	10000	11000	12000	13000	14000
成本电价/(元/kW·h)	0.79	0.87	0.95	1.03	1.11

(2) 年满负荷发电时间对于成本电价的影响

按照回收期 20 年，贷款比例为 80%，贷款利率 7%，运营费用 2% 计算。假设单位装机成本为 12000 元/kW，则不同的满负荷发电时间所对应的成本电价见表 6-2。

表 6-2 不同的满负荷发电时间成本电价表

年满负荷发电时间/h	900	1100	1300	1500	1700
成本电价/(元/kW·h)	1.59	1.3	1.1	0.95	0.84

可见，年满负荷发电时间对于成本电价的影响非常大。通常年满负荷发电时间与日照时间是直接相关的。但是，电站系统的设计方式、系统参数、系统追日与否，对年满负荷发电时间的影响都很大。例如，在年日照时间 2800h 的地区（我国西北绝大多数地区是这类地区），固定支架的年满负荷发电时间为 1456h，但如果全部采用追日系统，并增添功率优化模块，则年满负荷发电时间可以达到 1808h。当然，年满负荷发电时间的增加需要投入的增

大。但在组件不变的情况下，追加投入还是经济的。对于追日支架等，除了考虑一次投入外，同时还要考虑当地的气候条件和安装条件，例如，屋顶通常不适宜安装追日系统。对于常有大风的地面电站，跟踪支架的维修费用可能较大。

（3）投资回收期对于成本电价的影响

假设单位装机成本为 12000 元/kW，运营费用 2％，年等效满负荷发电时间按照 1500h 计算。在两种贷款条件下，不同的投资回收期所对应的成本电价见表 6-3。

表 6-3   不同的投资回收期所对应的成本电价表

贷款条件 投资回收期/年	5	10	15	20	25
全部自有资金/元	1.76	0.96	0.69	0.56	0.48
80％贷款比例,7％利息/元	2.15	1.35	1.08	0.95	0.87

可见，如果全部采用自有资金投入，投资回收期设定在 25 年，目前的光伏发电成本电价仅为 0.48 元/kW·h。这个价格已经低于许多地方的火电上网电价。而如果设定投资回收期为 5 年，则成本电价高达 1.76 元/kW·h。因此，投资回收期的设定对于光伏发电成本电价的影响也是巨大的。

（4）运营维护费对于光伏发电成本电价的影响

设定单位装机成本为 12000 元/kW，按照回收期 20 年，贷款比例 80％，贷款利率 7％，年等效满负荷发电时间 1500h，则不同的运营费用所对应的成本电价见表 6-4。

表 6-4   不同的运营费用所对应的成本电价表

不同运营费用/％	1	2	3	4	5
成本电价/(元/kW·h)	0.87	0.95	·1.03	1.11	1.19

可见，运营费用对于光伏发电成本电价的影响也是较大的。同样一个电站，如果运营费用控制在 1％，则成本电价可为 0.87 元/kW·h；而如果成本控制在 5％，则成本电价会飙升到 1.51 元/kW·h。因此，对于电站的运营和维护成本一定要精打细算。

（5）现阶段的光伏发电成本及投资效益分析

光伏电站的造价除光伏组件、逆变器价格受市场影响变化较大外，其他如变压器、高低压开关设备、电气二次设备、电缆、土建及安装工程等费用基本稳定，根据目前市场价格水平对采用固定式安装多晶硅光伏组件的光伏电站造价分析见表 6-5。

表 6-5   采用固定式安装多晶硅光伏组件的光伏电站造价表

序号	项目	造价/万元	占总投资比例
1	光伏组件	5.50	45.8％
2	逆变器	0.68	5.67％
3	其他设备	1.19	9.9％
4	土建工程	2.10	17.47％
5	光伏支架	0.65	5.41％
6	安装工程	0.35	2.9％
7	其他费用	0.65	5.4％
8	接入系统	0.90	7.5％
	合计	12.02	100.0％

根据国家发改委关于光伏电站上网电价政策，2012 年以后建成的光伏电站执行 1 元/

kW·h 的含税上网电价，根据前面分析现阶段光伏电站造价为 12.02 元/W，以 10MW 光伏电站为例，工程总投资 24080 万元，用 CFD 风电工程经济评价软件进行测算，光伏电站各项财务指标为：发电利润总额 28546.8 万元，投资回收期 10.37 年，全部投资内部收益率 8.63%，自有资金内部收益率 12.65%。

6.3.3　成本计算软件

依照上述计算模型，利用 VC# 程序编制了太阳能光伏发电成本计算分析软件。软件原理流程图如图 6-5 所示。

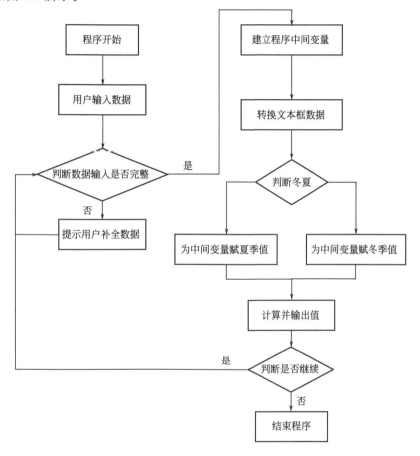

图 6-5　原理流程图

软件采用 C# 语言编写，主界面为一个窗口，分为三部分，包括地理信息输入、电场数据输入和计算结果反馈。启动界面如图 6-6 所示。

用户输入相应的数据即可得出所提供的四个输出量。输入文本框内只可输入数字，并只有当所有数据都被正确地提供后程序才会继续计算，否则会提示用户补全信息。

当数据全部正确输入后，点击计算按钮即可得出结果。冬季和夏季太阳倾角不同，计算出来的安装角度差别较大，所以系统默认推荐一个优化角度，如图 6-7 所示。也可以选择夏季或冬季极值来计算，如图 6-8 所示。

此软件可以用来估算太阳能光伏电站建设成本和发电成本，更便于分析不同参数如电池片厚度"切割锯缝厚度""光电转换效率"原料成本等的变化对光伏电站建设成本和发电成

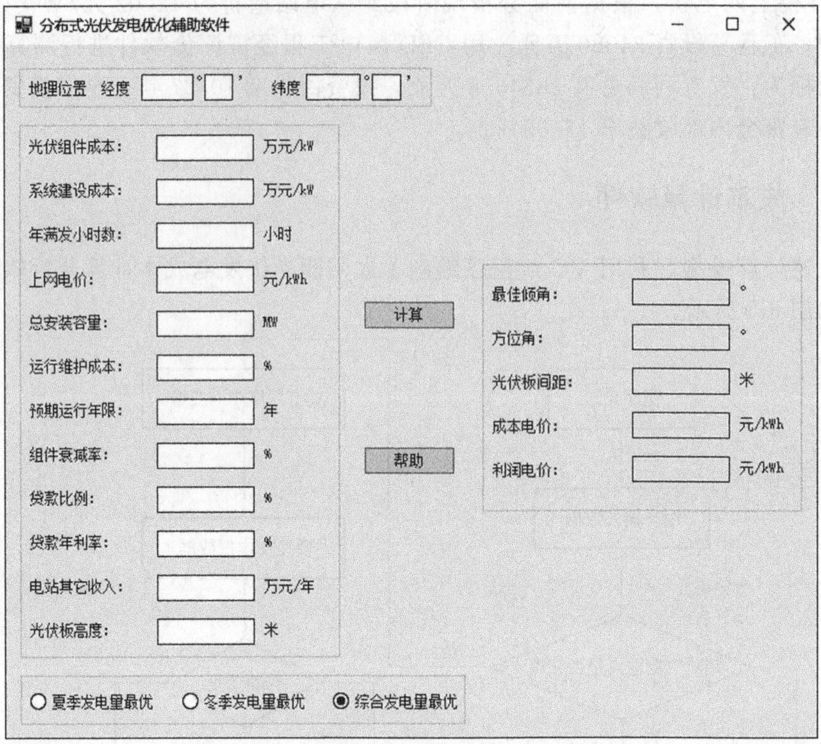

图 6-6 启动界面

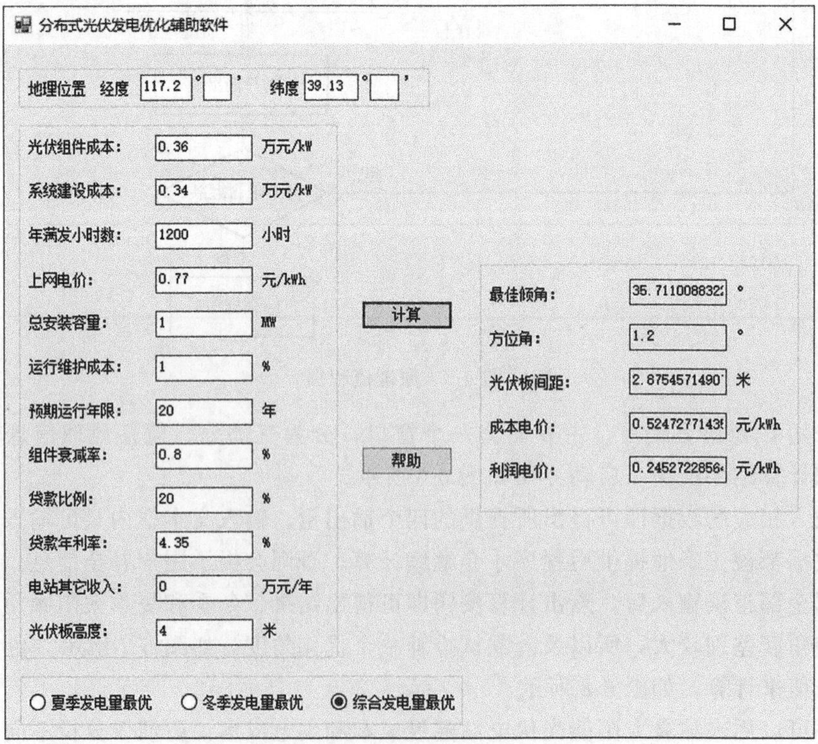

图 6-7 提示用户补全信息

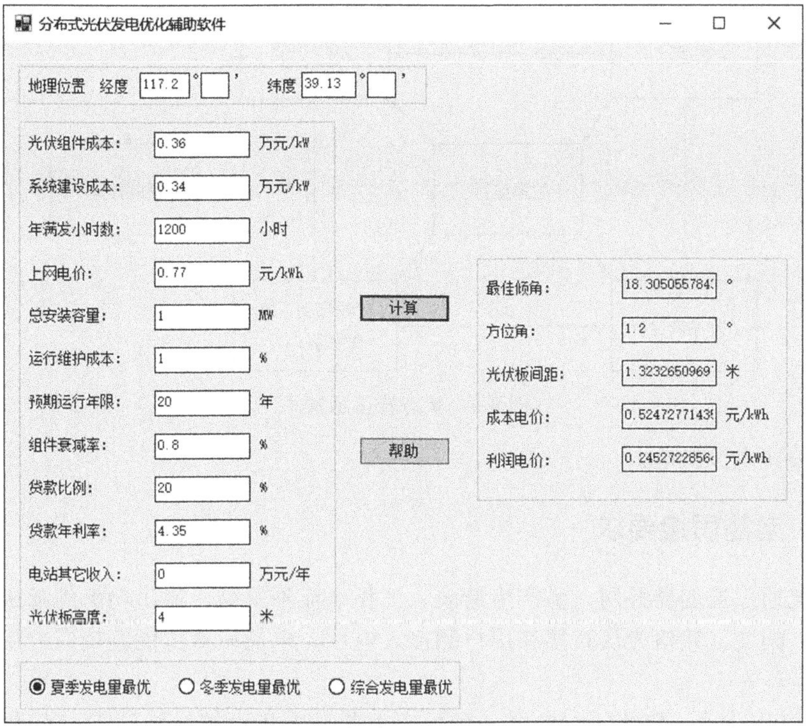

图 6-8　数据输入正确点击计算按钮

本的影响，使用该软件时每次数据输入并核算后都保存在文件中，且每次软件启动时都调用该文件中最后一次所保留的数据。

　　运用上述模型和软件工具可以对光伏电站建设及光伏发电成本进行分析计算，特别是可以对不同因素如电池转换效率、原料成本、硅片厚度、辐照强度水平等对它们的影响趋势进行分析。

6.4　系统的可靠性分析

6.4.1　系统的可靠性模型及指标体系

　　根据系统的可靠性状态划分，可以得到六状态可靠性模型。其状态转移如图 6-9 所示。
　　系统的可靠性指标体系分为：时间指标、出力状态指标和系统总体指标。为反映系统故障情况，系统总体指标又分为故障指标和运行指标。

6.4.2　供电可靠性方面

　　根据光伏系统等分布式电源运行方式的不同，其对配电网可靠性的影响也不同。如果分布式电源是作为配电网的备用电源来使用，则其接入可以提高系统的可靠性；如果分布式电源是和系统电源并网运行，控制不好则可能降低系统的可靠性，反之则可以提高可靠性。由于并网运行时分布式电源本身的可靠性是影响系统供电可靠性的重要因素，而分布式电源存在自身不稳定、可靠性不高等问题，与传统的配电系统可靠性还有较大的差距，故一般不采

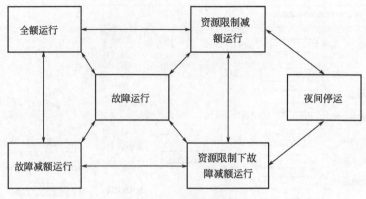

图 6-9　状态转移示意图

取单独的分布式电源供电。

6.4.3　电能质量要求

光伏系统通过逆变器并网，易产生谐波、三相电流不平衡；输出功率的随机性易造成电网电压波动、闪变。建筑光伏直接在用户侧接入电网，电能质量可能直接影响用户电气设备的安全。

① 引起电压波动。传统的配电网一般呈辐射状，电压沿馈线潮流方向逐渐降低。接入光伏电源后，馈线上的传输功率减少，可能导致沿馈线各负荷节点处的电压被抬高甚至电压偏移超标，电压被抬高多少与接入光伏系统的位置及容量有关。光伏系统的发电功率随太阳辐照度而变，可能会造成配电线路的电压波动和闪变，若跟负荷改变叠加在一起，将会引起更大的电压波动和闪变。

② 注入谐波和直流分量。由于光伏系统的能量转换具有间歇性和不稳定性，且光伏系统通过电力电子逆变器并网，会向电网注入谐波电流和直流电流分量。

6.4.4　孤岛引起的安全问题

孤岛效应可能造成以下危害或不利影响：危及配电网检修维护人员和用户的人身安全；与孤岛地区相连的用户供电质量受影响（频率和电压偏出正常运行范围），用电设备损坏；孤岛内部的保护装置无法协调；电网供电恢复后会造成相位不同步；孤岛电网与主网非同步重合闸造成操作过电压；单相分布式发电系统会造成系统两相负载欠相供电。

6.4.5　站址选择

分布式光伏发电站的站址选择应根据国家可再生能源中长期发展规划、地区自然条件、太阳能资源、交通运输、接入电网、地区经济发展规划、其他设施等因素全面考虑。在选址工作中，应从全局出发，正确处理与相邻农业、林业、牧业、渔业、工矿企业、城市规划、国防设施和人民生活等各方面的关系。

6.4.6　系统防雷装置设计

本项目全场除避雷针外拟设一总的接地网，本着"一点接地"的原则，将光伏组件及支架、各高低压电气设备的外壳、各防雷模块接地侧、屋顶避雷带的接地网进行可靠的电气连接。考虑升压变电所采用综合自动化系统，为满足微机监控、保护系统对接地电阻的要求，全场除避雷针接地外总接地电阻应达到规程规定不大于 1Ω 的要求，以保证设备及人身安全，同时应满足接触电势及跨步电压的要求；避雷针接地系统应单独设置，和其他接地系统的地下距离不小于 3m，接地电阻不大于 10Ω。若接地电阻不满足要求，可通过深埋于含水层或加降阻剂的方法进行处理。

第7章

光伏发电系统功率预测与能量管理

7.1 储能蓄电池的系统特性

7.1.1 蓄电池的种类

在光伏发电系统中，蓄电池对系统产生的电能起着存储和调节的作用。由于光伏系统的功率输出每天都在变化，在日照不足发电很少或需要维修光伏系统时，蓄电池也能够提供相对稳定的电能，维持光伏电站的电能稳定输出。阳光充足时，蓄电池可以存储多余的电能。目前市场上比较常用的有铅酸蓄电池、MH-Ni 蓄电池、锂离子蓄电池等，表 7-1 所示为几种常见电池的特性。

表 7-1　几种常用蓄电池的特性

系统属性	铅酸电池	MH-Ni 电池	锂聚合物电池	钠盐电池	钠硫电池
能量/kW·m^{-3}	70.7	176.7	212.0	176.7	247.3
功率/kW·m^{-3}	106.0	212.0	388.7	530.0	833.4
效率/%	92	92	88	87	88
寿命/年	8	8	7	7	7
成本/(元/Wh)	0.6~0.8	2.4~2.6	4.0~4.5	1.8~2.4	1.8~2.4

光伏产业的发展带动了蓄电池行业的快速前进，国内外专家都在努力研发新型储能蓄电池。考虑到镍铬电池、钠硫电池正处在研究阶段，MH-Ni 电池成本太高等因素，光伏电站主要采用铅酸蓄电池作为储能元件。作为储能电池要具有能量密度大、循环寿命长、价格费用低廉等特性，铅酸蓄电池使用寿命长，成本低廉、技术成熟。

7.1.2 铅酸蓄电池的特性

下面简单介绍在光伏电站的储能系统中需要考虑的蓄电池的几个特性参数。

(1) 蓄电池的容量

充电容量 Q_c：

$$Q_c = \int_0^{t_c} I_c \, dt \tag{7-1}$$

式中，Q_c 为蓄电池的充电电量；I_c 为充电电流；t_c 为充电的时间。

放电容量 Q_d：
$$Q_d = \int_0^{t_d} I_d \, dt \tag{7-2}$$

式中，Q_d 为蓄电池的放电电量；I_d 为放电电流；t_d 为放电的时间。

(2) 荷电状态 SOC（State of Charge）

蓄电池的 SOC 是表述蓄电池的剩余容量。

荷电状态 SOC：
$$SOC = \frac{Q_t}{Q_{sum}} \tag{7-3}$$

式中，Q_t 为当前剩余容量；Q_{sum} 为额定容量。

电池荷电量，即剩余容量 Q 主要由 Q_1 和 Q_2 两部分组成：
$$Q = Q_1 + Q_2 \tag{7-4}$$

式中，Q_1 是可用电荷量；Q_2 是弹性电荷量；Q 是总电荷量，单位均为 A·h。每个充放电步长结束时刻，表达式分别为：

$$Q_1 = Q_{10} e^{-k\Delta t} + \frac{(Q_0 kc - I)(1 - e^{-k\Delta t})}{k} - \frac{Ic(k\Delta t - 1 + e^{-k\Delta t})}{k} \tag{7-5}$$

$$Q_2 = Q_{20} e^{-k\Delta t} + Q_0(1-c)(1 - e^{-k\Delta t}) - \frac{I(1-c)(k\Delta t - 1 + e^{-k\Delta t})}{k} \tag{7-6}$$

式中，Q_{10}、Q_{20} 分别表示当前步长开始阶段的 Q_1、Q_2；Q_0 表示开始阶段的总荷电量；Δt 表示步长；k、c 是常量，c 代表容量比（即 Q_1 与 Q 的比值），k 代表比率常数，h^{-1}；I 是充放电电流，A。

在某一恒定电流下的电池容量为：
$$Q_{max}(I) = \frac{Q_{max} kcT}{1 - e^{-kT} + c(kT - 1 + e^{-kT})} \tag{7-7}$$

式中，T 表示充/放电时间，h，$T = Q_{max}/I$。

(3) 放电深度 DOD（Depth of Discharge）

$$蓄电池的放电深度 DOD：DOD = 1 - \frac{Q}{Q_{sum}} = 1 - SOC \tag{7-8}$$

DOD 直接反映蓄电池的寿命，是一个重要参考量。

(4) 蓄电池的放电速率

通常情况下用时率或者是倍率表示放电速率。时率指用时间表示放电速率；倍率指用容量数值的倍数来表示放电电流的数值。最常用的还是用倍率表示放电速率。

(5) 自放电现象（Self-Discharge）

自放电现象是普遍存在并且不可避免的，它不会影响蓄电池的使用寿命，只是在能量损失中把它考虑进去即可。

7.1.3　蓄电池的容量匹配

在光伏电站中，需要储能系统容量与光伏组件相匹配。当外界环境变化时，光伏发电功率小于其额定功率，为了满足大电网和负荷的需求，需要储能系统补充光伏电池的发电减少量。蓄电池容量计算公式如下：

$$C=\frac{Q\times D\times K}{\eta_1\times\eta_2\times S} \tag{7-9}$$

式中，Q 为蓄电池日输出电量；D 为蓄电池连续提供能量的天数（由于系统夜间向蓄电池充电，故 D 取为1）；η_1 为逆变器及 DC/DC 电路的效率，取 0.92；η_2 为蓄电池的放电效率，取 0.85；K 为温度修正系数，取 1.2；S 为放电深度，取 0.8。

蓄电池的容量选择要考虑天气连续阴雨天气，太阳辐照度太低，光伏组件不工作，光伏电站需要在用电高峰期额定功率运行等因素，因此蓄电池的容量为 $C=0.92\sim1.23\text{kW}\cdot\text{h}$。

7.1.4 PV-BESS 系统的能流模型

在光伏电站并离网发电过程中，主要依靠光伏电池和蓄电池来提供能量。图 7-1 所示是光伏系统的几种能流模型。图 7-1(a) 为用电高峰期光伏和蓄电池同时向电网供电，PV-BESS（光伏-电池储能系统）系统正常工作，为大电网提供恒定功率。图 7-1(b) 为用电低谷期时，光伏组件向储能蓄电池供电，并实时补充蓄电池的能量。图 7-1(c) 为用电高峰期和出现阴雨天气等情况时太阳辐照度不充分，光伏电池不能正常发电，而电网却处在大量用电时段，蓄电池为大电网供电，起到了"削峰填谷"的作用。图 7-1(d) 为夜间用电低谷期时，大电网给储能蓄电池充电，有效地避免了在次日用电时期蓄电池欠充状态，并且合理地利用了大电网的多余电力。

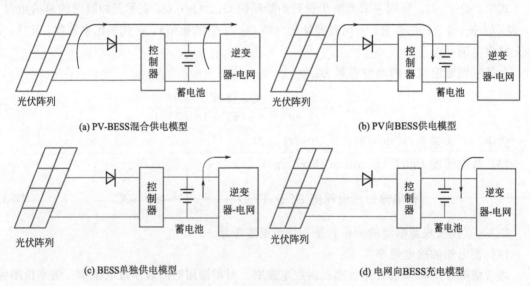

图 7-1 PV-BESS 能流模型

7.2 光伏发电功率短期预测

在本文中，选取青海某光伏电站 2013 年春、夏、秋、冬四季各两个月的运行数据作为研究对象进行光伏发电的预测，以验证算法的有效性。

7.2.1 样本数据预处理

由于在光伏电站关闭或者非正常发电状态下也会记录光伏电站相应的各种数据，那么这些数据是异常的。如果异常数据用在预测模型的训练中，这通常会增大预测模型的误差。在神经网络的模型预测中，样本数据对预测结果的影响很大，故需要对样本数据进行预处理，使得模型的训练过程变得顺利且快速，并且大幅度提升其性能。因此，对样本数据进行预处理，剔除掉冗余和异常数据，使得 Elman 神经网络预测模型训练性能提高。

7.2.1.1 数据预处理原则

在数据挖掘中，训练数据样本的质量很重要，样本数据不仅需要很好的完整性和冗余少，样本数据之间的关联性必须很小。而在实际的样本数据中经常出现重复的、杂乱的、不完整的数据，这些数据没有达到对数据挖掘的要求，所以需要去除预测模型不需要的无效的样本数据。

不同的数据挖掘算法都有不同的数据预处理方法和步骤，通常数据的预处理步骤为以下几个方面。

(1) 数据集成

数据的集成是把不同来源、不同单位、不同格式、不同属性的数据在物理或逻辑上有机地集中在一起，不是那种简单地罗列在一起。数据集成的工作就是解决数据的不一致问题，除此之外还包括筛选并集成有用的数据信息等。

(2) 数据清洗

上一步对数据的处理很粗糙，在原始数据中通常还会存在数据噪声、不相关数据等，这些无效数据会对预测结果造成严重影响，所以还要对数据进一步的清洗，去除掉无效数据。

(3) 数据变换

数据集成在一起后，它们的属性会不一致，属性不一致的样本数据对预测结果的影响度是不一样的，所以需要对不同属性的数据集进行数据变换。可以用维变换或转换的方式来进行数据变换，也可以通过对数据进行规范化、归纳、投影等来进行数据变换。

(4) 完整性分析

对原始的数据进行一系列的加工处理后，还要考察其是否完整。只有样本数据集完整，才能在挖掘过程中有很好的精度。

7.2.1.2 预测模型输入数据归一化处理

光伏电站的短期预测模型的输入数据主要为光伏电站的历史发电功率、监测的气象数据和实时数值天气预报数据，它包括日发电功率、太阳辐照度、温度等。由于日类型不同时的不同日期的同一时刻发电功率大小差别很大，所以需要建立不同天气类型下的光伏短期预测模型，样本数据也要按照天气类型划分到不同的子模型中。这些样本数据，按照时间顺序划分为训练数据、验证数据和测试数据。

通常神经网络中使用的非线性激活函数是 S 函数，输出值限定在（0，1）或（−1，1）之间，未经过归一化的原始数据和输出数据经常不在该区间内，在进行训练时会引起神经元饱和现象的发生。为了避免这种情况发生，需要数据归一化，使样本数据和输出数据限定在 [0，1] 区间，如式(7-10)所示：

$$\overline{x(t)} = \frac{x(t) - x_{\min}}{x_{\max} - x_{\min}} \tag{7-10}$$

式中，$x(t)$、$\overline{x(t)}$分别为归一化之前和之后的输入数据；$x_{\min}$为$x(t)$的最小值；$x_{\max}$为$x(t)$的最大值。

7.2.1.3 剔除异常数据

本文选用统计判别法中的3σ原则来剔除异常数据，它的原理是给定一个置信概率，并规定一个置信域，凡是大于这个误差的，就认为该误差不属于随机误差范围，那么这个数值就被认定为异常数据，从而被剔除掉。公式如式(7-11)所示，其基本思想是假定数据总体服从正态分布，则在实验数据中出现（$-\infty$，$\mu-3\delta$）或者（$\mu+3\delta$，$+\infty$）数据的概率很小。因此在（$-\infty$，$\mu-3\delta$）或者（$\mu+3\delta$，$+\infty$）区间之外的数据视为异常数据，剔除于输入数组中。

$$P(|x-\mu|>3\delta)\leqslant 0.003 \tag{7-11}$$

式中，μ和δ分别表示为正态总体分布的数学期望和方差。

计算步骤如下所示：

① 对于原始数据x_1，x_2，$\cdots$，x_n，首先计算平均值$\bar{x}$，如式(7-12)所示：

$$\bar{x} = \frac{x_n - x_{n-1}}{x_n - x_2}, \ i=1,2,\cdots,n \tag{7-12}$$

② 计算剩余差v_i，

$$v_i = x_i - \bar{x} \tag{7-13}$$

从而得到方差，如式(7-14)所示：

$$\delta = \sqrt{\frac{1}{n-1}\sum_{i=1}^{n}v_i^2} = \sqrt{\frac{1}{n-1}\left(\sum_{i=1}^{n}v_i^2 - \frac{\sum_{i=1}^{n-2}x_i}{n}\right)} \tag{7-14}$$

③ 如果计算值$x_d(1\leqslant d\leqslant n)$的余差满足式(7-21)，则$x_d$为异常数据，剔除掉。

$$\boldsymbol{D} = \begin{bmatrix} \sum\limits_{i=1}^{n}y_i \\ \sum\limits_{i=1}^{n}x_{i1}y_i \\ \sum\limits_{i=1}^{n}x_{i2}y_i \\ \vdots \\ \sum\limits_{i=1}^{n}x_{ip}y_i \end{bmatrix} = \begin{bmatrix} 1 & 1 & 1 & \cdots & 1 \\ x_{11} & x_{21} & x_{31} & \cdots & x_{n1} \\ x_{12} & x_{22} & x_{32} & \cdots & x_{n2} \\ \vdots & \vdots & \vdots & \ddots & \vdots \\ x_{1p} & x_{2p} & x_{3p} & \cdots & x_{np} \end{bmatrix} \begin{bmatrix} y_1 \\ y_2 \\ y_3 \\ \vdots \\ y_n \end{bmatrix} = \boldsymbol{XY} \tag{7-15}$$

7.2.1.4 提取特征子集

在人工智能领域的应用（如构建回归模型、训练分类器等）中，寻找一组合适的特征值作为输入变量，直接影响着模型的训练速率、复杂度、泛化能力。它可以提高分类器的训练速度、降低复杂度、提高泛化能力，还可以有效避免维数灾难，提高识别精度。

本文选用主成分分析法来提取特征子集。其原理是将归一化后的样本数据中具有一定相关性的N个指标重新组合成一组新的无相关性的综合指标；然后计算选取的每一个线性组合的方差，按顺序依次称为第几主成分。只有当前主成分不足够代表原来的指标信息时，才会考虑下一个线性组合。为了避免内容的冗余，前一个主成分已有信息就不需要再出现在下面的主成分中。主要步骤如下：

① 将归一化的原始数据建立相关矩阵 $\boldsymbol{R}$，并计算 $\boldsymbol{R}$ 的特征值和特征向量，如式(7-16)所示：

$$\boldsymbol{R} = \frac{1}{N-1}\boldsymbol{X}^{*\mathrm{T}}\boldsymbol{X}^{*} \tag{7-16}$$

式中，$\boldsymbol{X}^{*}$ 为归一化的数据矩阵。

② 求得 $\boldsymbol{R}$ 的特征值 $\lambda_1 \geqslant \lambda_2 \geqslant \cdots \geqslant \lambda_m$，和对应的单位化特征向量，$\mu_1$，$\mu_2$，$\cdots$，$\mu_m$，确定主成分个数，计算方差贡献率和累计方差贡献率，如式(7-17)、式(7-18)所示：

$$\eta_i = \frac{\lambda_i}{\sum\limits_{i=1}^{m}\lambda_i} \times 100\% \tag{7-17}$$

$$\eta_{\Sigma}(p) = \sum\limits_{i=1}^{p}\eta_i \tag{7-18}$$

η_i 决定选取主成分的个数，一般 η_i 大于 $85 \sim 90$。如果前 p 个主成分包含 m 个归一化后的原始变量提供的绝大部分信息，那么主成分个数为 p。

③ p 个主成分对应的特征向量是 $\boldsymbol{U}_{\mathrm{mxp}}$，则构成的矩阵为：

$$\boldsymbol{Z}_{\mathrm{Nxp}} = \boldsymbol{X}^{*}_{\mathrm{Nxm}}\boldsymbol{U}_{\mathrm{mxp}} \tag{7-19}$$

$$\boldsymbol{U}_{\mathrm{mxp}} = [u_1, u_2, \cdots, u_p]$$

7.2.2　光伏发电的功率特性分析研究

光伏发电功率具有很强的间歇性和随机性，光伏组件的输出功率受太阳辐照度、温度、光电转换效率的影响。发电功率表达式如式(7-20)。

$$P_{\mathrm{pv}}(t) = Ins(t) \cdot A \cdot \eta_{\mathrm{r}} \cdot \eta_{\mathrm{pc}} \cdot [1 - \beta \cdot (T_{\mathrm{c}} - T_{\mathrm{cref}})] \tag{7-20}$$

式中，β 为温度系数；T_{cref} 为环境参考温度；η_{pc} 为主流变换环节 MPPT 效率；A 为光伏组件的面积；$Ins(t)$ 为太阳辐照度，$\mathrm{W/m^2}$。

7.2.2.1　太阳辐照度对光伏发电功率的影响

根据光伏发电功率的计算公式(7-20)可知，不同的太阳辐照度影响光伏发电的输出功率。太阳辐照度与光伏发电输出功率呈正相关性，两者之间的关系如图 7-2 所示。选取青海某光伏电站的历史数据为例，每天采集的数据为从 6：00～20：00，太阳辐照度的变化趋势总体上反映了光伏发电功率的变化。因此，太阳辐照度是预测光伏输出功率的重要输入变量之一。

7.2.2.2　不同天气类型对光伏发电的影响

不同的天气类型下，大气层的空气分子、尘埃、云雾都不同，相应对太阳辐射的散射作用也不相同，因此不同的天气类型对光伏发电功率有一定影响，如图 7-3 所示。从图中可以明显看出，晴天时光伏电站发电量最多；晴转多云天气下，当 12：00～14：00 为多云时，云彩遮挡住阳光，发电量明显降低；雨雪天气时，光伏发电量的走势和晴天相差不大，但是数值却小很多。

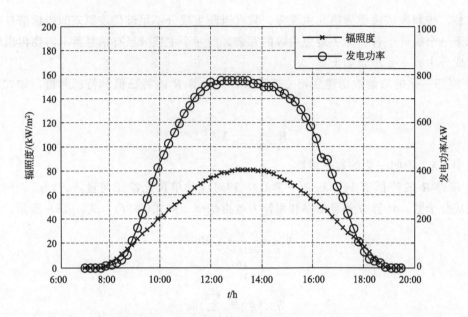

图 7-2　太阳辐照度与光伏发电功率的关系

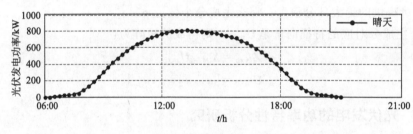

(a) 晴天下光伏发电功率

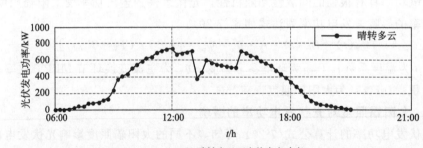

(b) 晴转多云下光伏发电功率

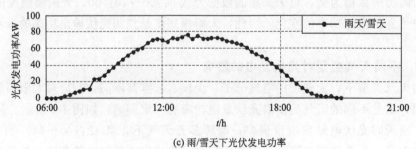

(c) 雨/雪天下光伏发电功率

图 7-3　不同天气类型下的光伏发电功率

7.2.2.3 温度对光伏发电功率的影响

前面已经讨论了辐照度、日类型对光伏发电功率的影响，在其他条件都相同的情况下，不同的温度下，光伏发电功率也有所不同。故温度也是光伏发电功率的影响因子，如图7-4所示。

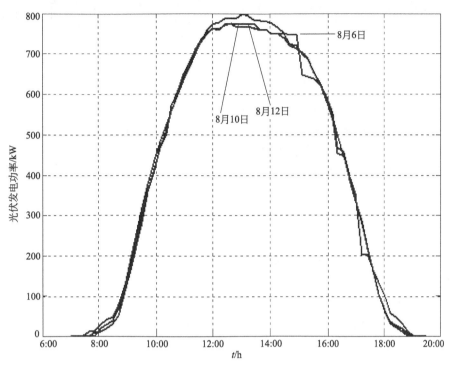

图 7-4　温度对光伏发电功率的影响

7.2.3　Elman 神经网络

Elman 神经网络是一种典型的局部回归网络（global feed forward local recurrent），是两层反向传播网络。Elman 神经网络包含输入层、隐含层、输出层，还有一个承接层。隐含层是和输入向量连接的神经元，其输出不仅作为输出层的输入，而且还连接隐含层内的另外一些神经元，反馈至隐含层的输入。承接层作用是记忆隐含层以前时刻的输出值，可以把它看作是一个延时算子，具有动态的记忆能力。

7.2.3.1　Elman 神经网络结构

图 7-5 是本章所采用的 Elman 神经网络的结构图，图 7-6 是其仿真结构图。根据经验，

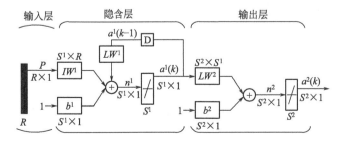

图 7-5　Elman 神经网络结构图

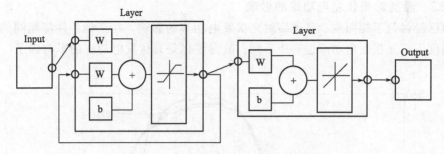

图 7-6　Elman 神经网络的仿真结构图

在本章中，Elman 神经网络的隐含层选用 tansig 函数，输出层选用 purelin 函数。所选用的这两种传输函数在各层的特殊组合中可以以任意的精度逼近任意函数（在连续有限的时间内）。隐含层的神经元个数的多少，直接关系到逼近函数的复杂性，两者呈正相关。

Elman 神经网络的数学模型为：

$$x(k)=f\left[\omega^{I1}x_c(k)+\omega^{I2}u(k-1)\right] \tag{7-21}$$

$$x_c(k)=\alpha x_c(k-1)+x(k-1) \tag{7-22}$$

$$y(k)=g\left[\omega^{I3}x(k)\right] \tag{7-23}$$

式中，ω^{I1}、ω^{I2}、ω^{I3} 分别为承接层和隐含层、输入层和隐含层、隐含层和输出层的连接权矩阵；$x_c(k)$ 为承接层的输出；$x(k)$ 为隐含层的输出；$y(k)$ 为输出层的输出；α 为自连接反馈增益因子，取值范围为 $[0,1)$。

通常 $f(x)$ 选用 sigmoid 函数，如式(7-24) 所示：

$$f(x)=\frac{1}{1+e^{-x}} \tag{7-24}$$

7.2.3.2　Elman 神经网络学习算法

本文采用自适应学习速率动量法，附加动量与自适应学习速率法相结合，在原梯度下降法的基础上引入动量系数 k，根据局部误差曲面不断调整学习速率，加速修正速率，提高神经网络的收敛速率，使得神经网络具有更好的收敛性，防止陷入局部最优。

设系统第 k 步的实际输出为 $y_d(k)$，Elman 神经网络的目标函数可以用式(7-25) 表示：

$$E(k)=\frac{1}{2}\left[y_d(k)-y(k)\right]^T\left[y_d(k)-y(k)\right] \tag{7-25}$$

采用引入动量系数梯度 k 的梯度下降法，对 $E(k)$ 求偏导数，并使得偏导数为 0，得到 Elman 神经网络的学习算法：

$$\Delta\omega_{ij}^{I3}=\eta_3\delta_i^o x_j(k)\quad(i=1,2,\cdots,m;j=1,2,\cdots,n) \tag{7-26}$$

$$\Delta\omega_{jq}^{I2}=\eta_2\delta_i^h u_q(k-1)\quad(j=1,2,\cdots,n;q=1,2,\cdots,r) \tag{7-27}$$

$$\Delta\omega_{jl}^{I1}=\eta_1\sum_{i=1}^{m}(\delta_i^o\omega_{ij}^{I3})\frac{\partial x_j(k)}{\partial\omega_{jl}^{I1}}\quad(i=1,2,\cdots,m;l=1,2,\cdots,n) \tag{7-28}$$

$$\delta_i^o=\left[y_{d,i}(k)-y_i(k)\right]g_i'(\bullet) \tag{7-29}$$

$$\delta_j^h=\sum_{i=1}^{m}(\delta_i^o\omega_{ij}^3)f_j'(\bullet) \tag{7-30}$$

$$\frac{\partial x_j(k)}{\partial\omega_{jl}^{I1}}=f_j'(\bullet)x_l(k-1)+\alpha\frac{\partial x_j(k-1)}{\partial\omega_{jl}^{I1}}\quad(i=1,2,\cdots,m;l=1,2,\cdots,n) \tag{7-31}$$

式中，η_1，η_2，η_3分别为ω^{I1}，ω^{I2}，ω^{I3}的学习步长。

自适应学习速率法的调节公式为：

$$\eta(t+1)=\begin{cases}k_{inc} \cdot \eta(t),E(t+1)<E(t)\\k_{dec} \cdot \eta(t),E(t+1)>E(t)\\\eta(t),E(t+1)=E(t)\end{cases} \qquad (7\text{-}32)$$

式中，k_{inc}为学习速率增量因子，一般大于 1，通常选取为 1.05；k_{dec}为学习速率减量因子，一般 $0<k_{dec}<1$，通常选取为 0.7；$E(t+1)$为第 $t+1$ 次迭代后的总误差平方和；$E(t)$为第 t 次迭代后的总误差平方和。

当$E(t+1)<E(t)$时，表示第 t 次迭代有效，乘以增量因子，增大学习步长；当$E(t+1)>E(t)$时，表示第 t 次迭代无效，乘以减量因子，减小学习步长，加快网络学习速率。

7.2.4 Elman 神经网络短期预测模型

根据前文分析，对光伏电站的发电功率预测主要参考光伏电池板接收的气象因素，本章构建的光伏预测模型有 3 种类型的输入参数，它们分别为历史发电功率、太阳辐照度、温度。同时，本章构建的预测模型按照天气类型（晴天、晴转多云天、雨/雪天）分为 3 个子模型。

此外，一天当中的不同时段光伏电池板输出功率的大小也非常不同。如图 7-7 所示，典型的日发电功率通常从上午 8：00 开始上升，在 12：00～16：00 之间的某些时段到达峰值状态，随后发电功率逐渐变小，到 20：00 达到低谷。

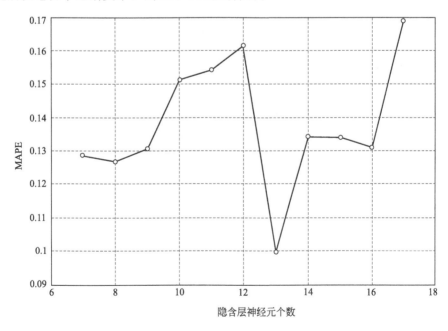

图 7-7 不同的隐含层神经元个数对应的 MAPE 值

7.2.4.1 Elman 神经网络短期预测模型

对于光伏发电短期预测模型来说，输入层具有 41 个输入参数，分别是与预测日相同季节相同天气类型的前一天的 8：00～20：00 整点的发电功率（13 个）、太阳辐照度（13 个）、温度（13 个）和预测日当天的太阳辐照度（1 个）、温度（1 个），提前一天预测光伏发电功率。

Elman 神经网络的输出层神经元个数是 13，即预测预测日当天 8：00～20：00 每小时的输出功率。图 7-8 所示为搭建的 Elman 神经网络短期预测模型。

式(7-33) 为隐含层个数的确定可参考公式：

$$\begin{cases} N < M-1 \\ N < \sqrt{(L+M)} + \alpha \end{cases} \tag{7-33}$$

式中，M 为输入层的个数；N 为隐含层的个数；L 为输出层的个数；α 一般取 [0，10] 间的一个数。

通常，隐含层神经元的个数越多，预测误差越小，然而，数目过多往往会延长预测模型的训练时间，还会导致网络容错能力降低。因此，隐含层的神经元个数一定要选取适当，先利用公式（7-39）估计大概范围，然后结合经验并经过多次试验来选取。图 7-8 是多次进行 Elman 神经网络训练时隐含层神经元数目与预测误差之间的关系。为了降低神经网络的随机性造成的误差，本文采用仿真次数为 200 次，并取其平均值，这样做可以降低不必要的误差。从图 7-11 可以看出，当隐含层的神经元数目取 13 时，预测精度最高，预测误差最小。

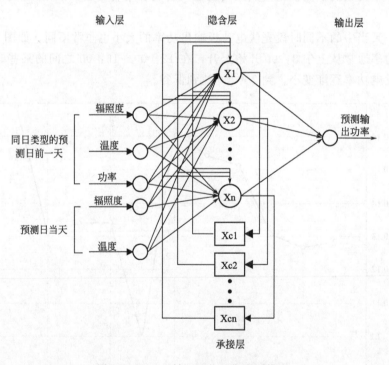

图 7-8　Elman 神经网络短期预测模型

7.2.4.2　发电功率短期预测

如前文所述，本文从晴天、晴转多云天、雨/雪天四种天气类型下预测光伏发电功率，搭建了三种预测子模型，分别是晴天预测子模型、晴转多云天预测子模型、雨/雪天预测子模型，提前一天进行光伏发电功率预测，整体框架图如图 7-9 所示。由于雨天和雪天光伏发电输出功率的走势大体相同，数值大小相差不大，所以雨天和雪天采用同一种预测子模型，即雨/雪天预测子模型。

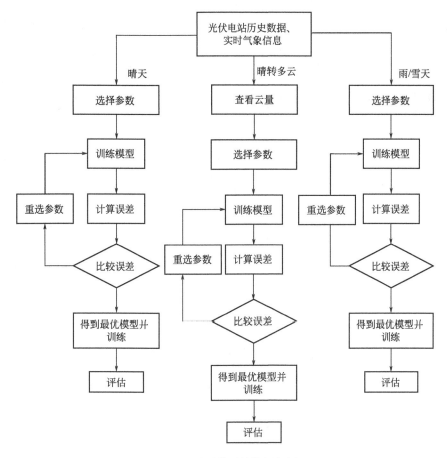

图 7-9　预测模型整体框架图

本文用 MATLAB 软件实现光伏电站的输出功率短期预测模型的编程，以及编写 Elman 神经网络算法和迭代过程。由于 MATLAB 中自带的神经网络程序包有些地方不满足本实验的要求，故本文选用手工编写程序。此外，还需要用 MATLAB 编写修正网络权值程序和神经网络的训练程序。

以本文的 Elman 神经网络短期预测模型为例，它调用函数 "newelm"，建立 Elman 神经网络，并指定网络层数、每层节点个数以及各层间的映射函数，这在前文中已经大致介绍。选用训练函数 "tansig" 训练网络，本次设定训练次数为 2000 次。由于迭代的计算量很大，所以计算机的内存要足够大，运算速度要快。

光伏发电短期预测模型分别对青海 2013 年 6 月 30 日（晴天）、2013 年 7 月 5 日（晴转多云天）、2013 年 9 月 15 日（雨天）、2013 年 12 月 24 日（雪天）进行短期预测。在 7 月 15 日的 11：00 点到 18：00 点出现多云天气，在这段时间的短期预测模型中选取加权系数 k_a、k_b，它们分别为晴天预测子模型和雨/雪天预测子模型前的加权系数，其中 $k_a + k_b = 1$。

图 7-10、图 7-11、图 7-12 分别表示晴天预测结果和误差、晴转多云天预测结果和误差、雨/雪天预测结果和误差，表 7-2 给出了对各种天气下的光伏发电功率短期预测结果和误差的详细结果，表内功率的单位是 kW。从图和表中可以明显看出，预测结果可以达到预期的效果。其中，晴天的预测精度最高，雨/雪天的预测精度也可以，而晴转多云天的预测精度有待进一步的提高，需要进一步的研究。

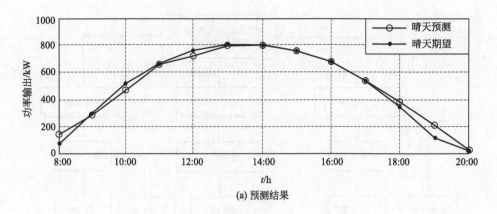

(a) 预测结果

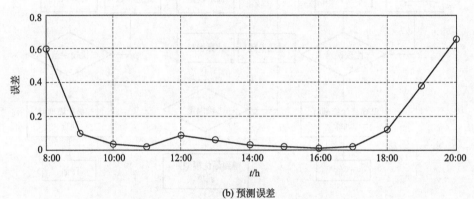

(b) 预测误差

图 7-10　晴天模型的预测结果及误差

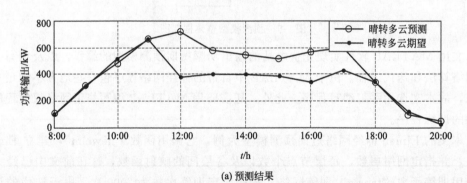

(a) 预测结果

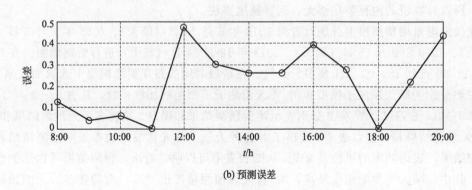

(b) 预测误差

图 7-11　晴转多云模型的预测结果及误差

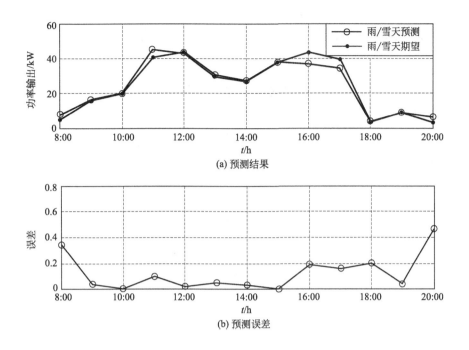

图 7-12 雨/雪天模型的预测结果及误差

表 7-2 预测结果及误差

时间	晴天			晴转多云			雨/雪天		
	实际功率/kW	预测功率/kW	MAPE/%	实际功率/kW	预测功率/kW	MAPE/%	实际功率/kW	预测功率/kW	MAPE/%
8：00	785.91	142.931	59.7	95.769	109.707	12.70	5.083	7.749	34.40
9：00	306.374	288.768	9.78	304.26	316.681	3.920	16.096	16.724	3.750
10：00	516.739	470.854	3.21	513.89	484.257	6.120	20.292	20.238	0.270
11：00	662.926	655.098	1.71	666.746	666.386	0.050	40.691	45.047	9.670
12：00	762.455	719.081	8.28	380.073	721.152	47.30	43.838	42.85	2.310
13：00	807.024	796.97	5.77	401.909	575.16	30.12	29.153	30.716	5.090
14：00	794.545	801.541	3.01	401.909	544.627	26.20	26.768	27.718	3.430
15：00	758.539	759.004	1.76	381.257	515.122	25.99	37.741	37.568	0.460
16：00	681.880	673.46	0.52	341.951	562.901	39.25	43.51	36.637	18.76
17：00	539.260	536.236	1.62	429.298	592.784	27.58	39.557	59.278	15.49
18：00	339.956	382.912	11.74	337.629	337.162	0.140	33.763	33.716	20.06
19：00	115.328	152.401	18.19	119.263	97.819	15.92	9.139	8.789	3.990
20：00	23.74	22.025	60.37	27.55	48.514	13.21	3.37	6.298	46.49

7.2.5 Elman 神经网络与 NSET 建模对比分析研究

非线性状态估计（NSET）法是由 Singer 等提出的，属于非参数建模方法，目前应用在许多方面，它包括设备监测、核电站传感器校验、光伏和风电预测等。下面简单介绍非线性状态估计的原理。

设对于任一输入观测向量 $\boldsymbol{X}_{\text{obs}}$，NSET 生成的 m 维权值向量为：

$$\boldsymbol{W} = [w_1 \ w_2 \cdots w_n]^T \tag{7-34}$$

使得估计向量

$$\boldsymbol{X}_{\text{est}} = \boldsymbol{D} \cdot \boldsymbol{W} = w_1 \cdot \boldsymbol{X}(1) + w_2 \cdot \boldsymbol{X}(2) + \cdots + w_m \boldsymbol{X}(m) \tag{7-35}$$

过程记忆矩阵 $\boldsymbol{D}$ 的确定方法如下，首先选取一段时间的历史向量集合 $\boldsymbol{K}$：

$$\boldsymbol{K} = [\boldsymbol{X}^N(1) \ \boldsymbol{X}^N(2) \cdots \boldsymbol{X}^N(m)] = \begin{bmatrix} x_1^N(1) & x_1^N(2) & \cdots & x_1^N(m) \\ x_2^N(1) & x_2^N(2) & \cdots & x_2^N(m) \\ \vdots & \vdots & \cdots & \vdots \\ x_5^N(1) & x_5^N(2) & \cdots & x_5^N(m) \end{bmatrix}_{5 \times m} \tag{7-36}$$

按照流程图 7-13 所示，将 $[0, 1]$ 等分为 200 份，以 0.05 为步长从集合 $\boldsymbol{K}$ 中查找出若干个向量加入矩阵 $\boldsymbol{D}$ 中。

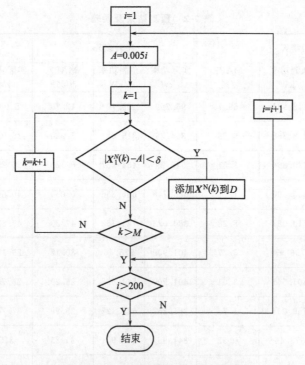

图 7-13 NSET 构造矩阵 $\boldsymbol{D}$ 流程图

然后确定权值向量 $\boldsymbol{W}$，求输入和输出的残差 ε：

$$\varepsilon = \boldsymbol{X}_{\text{obs}} - \boldsymbol{X}_{\text{est}} \tag{7-37}$$

最后求得：

$$\boldsymbol{W} = (\boldsymbol{D}^T \otimes \boldsymbol{D})^{-1} \cdot (\boldsymbol{D}^T \otimes \boldsymbol{X}_{\text{obs}}) \tag{7-38}$$

式中⊗表示非线性运算符，这种非线性运算符可以有多种选择，经过查阅资料与反复验证，本文选取为两向量间的 Euclidean 距离，即

$$\otimes(\boldsymbol{X},\boldsymbol{Y}) = \sqrt{\sum_{i=1}^{n}(x_i - y_i)^2} \qquad (7\text{-}39)$$

把式(7-38) 代入到式(7-35) 中，求得预测的最后结果为：

$$\boldsymbol{X}_{est} = \boldsymbol{D} \cdot (\boldsymbol{D}^{T} \otimes \boldsymbol{D})^{-1} \cdot (\boldsymbol{D}^{T} \otimes \boldsymbol{X}_{obs}) \qquad (7\text{-}40)$$

选取相同的历史数据作为样本，只有算法变化，其余的都相同，分别对 Elman 神经网络和 NSET 预测模型进行对比。图 7-14 所示为预测结果与误差，从图中明显看出，Elman 神经网络预测比 NSET 预测精度高，所以本书选用 Elman 神经网络短期预测光伏发电功率。

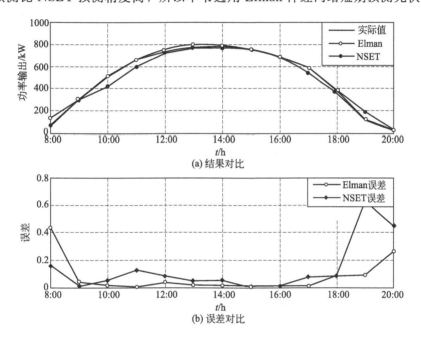

图 7-14　Elman 与 NSET 预测结果对比

7.2.6　Elman 神经网络与 BP 神经网络建模对比分析研究

BP 神经网络是一种前馈型神经网络，它的特点是信号向前传递，每层的神经元只受其上一层的神经元的影响。图 7-15 是 BP 神经网络的结构图。

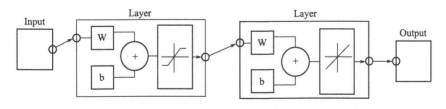

图 7-15　BP 神经网络的结构图

在 BP 网络的训练过程中过多的隐层和隐层节点会造成收敛速度变慢，训练时间变长，容易使模型陷入局部最小，这是 BP 神经网络的缺点。

同 NSET 一样，选取相同的历史数据作为样本，只有算法变化，其余的都相同。

图 7-16 是 Elman 和 BP 神经网络的预测结果对比，如图所示，BP 预测模型比 Elman 神经网络预测模型的预测误差大一些。

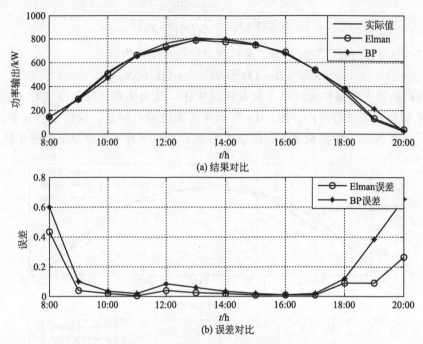

(a) 结果对比

(b) 误差对比

图 7-16　Elman 与 BP 预测结果对比

7.2.7　预测模型结果评估

目前，评估神经网络预测模型的预测效果的方法有很多，例如均方差、平均绝对误差、平均绝对百分比误差等，其中最常用的是第三种。本文亦采用这种最常用的 $MAPE$ 方法，如式(7-41) 所示：

$$MAPE = \frac{1}{N} \sum_{i=1}^{N} \frac{\mid P_{\mathrm{f}}^{i} - P_{\mathrm{a}}^{i} \mid}{P_{\mathrm{a}}^{i}} \times 100\% \qquad (7-41)$$

式中，N 为数据的总个数；P_{f} 为预测数据；P_{a} 为实际数据；i 为序号。

7.3　并网光伏电站的能量管理研究

光伏电站的能量管理策略与大电网以及电站自身的自动发电控制相关，它不仅保证了整个光伏发电系统安全、可靠、高效运行，还使光伏电站获得最大的经济效益。

由于太阳能随机性和波动性很强，光伏组件的工作状态很容易受到太阳辐照度和负荷变化的影响，因此，需要对光伏电站进行能量优化管理，来确定系统中各个部件当前的可用能量和使用能量。能量管理就是在一定时间内，当光伏单元的输出功率变化时，及时调控储能蓄电池的充放电，满足大电网对电能的需求，并使得光伏电站电量的幅值、频率符合要求，使其满足大电网的要求。

从数学模型角度来说，光伏组件和储能蓄电池是光伏发电系统的基本单元，首先需要掌握光伏电池和蓄电池的基本特性。基于上述的探讨，本章将着重研究能量调度的数学模型。

能量管理系统是对光伏电池板、蓄电池单元、负荷单元、大电网当前时刻的数据和历史数据进行分析总结，从而评估它们的运行状态。综合考虑预测光伏发电量、蓄电池 SOC、电网实时电价、负荷大小等因素，系统采用有效的方法来计算一天内光伏电站的最优运行模式，并计算出一天的经济效益。

7.3.1 电站实时能量管理策略研究

目前国内外都在研究光伏电站的有功功率和无功功率的输出，并且对于储能单元提高电站的经济运行方面处于进一步的研究中。由于蓄电池的能量可以双向流动、功率响应快速等特点，本文选用铅酸蓄电池作为储能元件。在光伏电站运行时，铅酸蓄电池可以起到稳定电压和频率的作用。本文通过监测不同运行时段下的光伏发电功率和蓄电池的剩余容量来制定不同的能量调度策略，在实现光伏电站实时经济运行的同时，对大电网起到"削峰填谷"的作用。

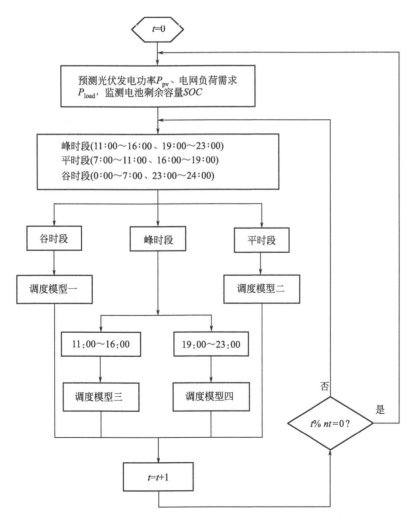

图 7-17　并网运行下的光伏电站实时运行调度策略流程图

图 7-17 所示为并网运行模式下的光伏电站的实时运行调度策略，图中 t 表示调度时刻，nt 表示全天总调度次数，P_{pv} 表示光伏发电数据，P_{load} 表示负荷数据，SOC 表示蓄电池当时的荷电状态。在运行过程中，可以 5～15min 为周期调度一次，本文选用每 15min 为一个周期，整个运行调度步骤如下：

① 每天第一次调度之前，根据大电网的负荷需求情况将全天 24h 分为峰、谷、平三种时段，若大电网是采用峰谷分时电价计算方法，则按照分时电价划分峰、谷、平三种时段，在本文研究中选用后者；

② 在确定运行当前时段之前，预测光伏出力、电网负荷出力，并监测光伏电站中蓄电池的荷电状态 SOC；

③ 确定当前时刻所处的时段。如果是谷时段（0：00～7：00 或 23：00～24：00），根据在光伏电场的监测情况，在谷时段内光伏电池板不发电，这时采用调度模型一。如果是平时段（7：00～11：00 或 16：00～19：00），光伏电站采用调度模型二。由于在 11：00～16：00 时间段内光伏电池板发电，在 19：00～23：00 时间段内同谷时段一样光伏电池板不发电，所以在峰时段（11：00～16：00 或 19：00～23：00）分两种工作模式：在 11：00～16：00 时间段内，采用调度模型三；在 19：00～23：00 时间段内采用调度模型四。

④ 通过步骤③的优化结果，进入下一个时间周期，直至一天结束。通过一天对光伏电站的能量进行管理，使光伏电站运行成本最低，获得利润最大。

7.3.2 系统能量调度模型的建立

本文采用能量损失率（loss of produced power probability，LPPP）和能量缺失率（loss of power supply probability，LPSP）作为光伏电站能量优化指标。在光伏电站运行过程中能量损失率 R_{LPPP} 表示为光伏发电系统损失的功率 E_{LPP} 与电源发电总量 E_g 的比值；能量缺失率 R_{LPSP} 表示为能量缺失量 E_{LPS} 与负荷总需求量 E_n 的比值。其满足式(7-42)：

$$\begin{cases} R_{LPPP} = \dfrac{E_{LPP}}{E_g} \\[2mm] R_{LPSP} = \dfrac{E_{LPS}}{E_n} \end{cases} \tag{7-42}$$

7.3.2.1 能量调度模型一

对于模型一，其流程图如图 7-18 所示，光伏不发电或是光伏发电功率太低而不能被捕获，若蓄电池剩余荷电容量小于其最大容量，由于谷时期购电电价低，那么蓄电池以 P_{ba} 充电，P_{ba} 的约束见 7.3.3.2 约束条件中约束条件（2）。

经过 $t_1 = [SOC_{max} - SOC(t)]/(P_{ba} \cdot \eta_{ba})$，其中 $t_1 < t$，蓄电池充电至最大容量 SOC_{max}，之后的 $(t - t_1)$ 时间，电网停止给蓄电池充电，即 OP1：

$$\begin{cases} E_{LPS}(t) = P_{load}(t) \cdot t + P_{ba} \cdot t_1 \\ E_{LPS} = E_{LPS} + E_{LPS}(t) \\ E_n = E_n + P_{load}(t) \cdot t \\ M_{buy} = P_{ba} \cdot t_1 \cdot e_{buy} \end{cases} \tag{7-43}$$

式中，$E_{LPS}(t)$ 表示在时间周期 t 内系统缺失的能量；e_{buy} 为当前时段的电站购电电价；M_{buy} 为光伏电站购电需要的成本。

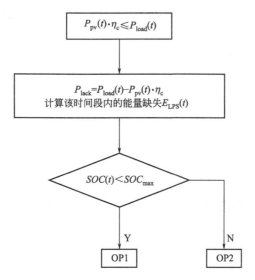

$$P_{\text{pv}}(t) \cdot \eta_{\text{c}} \leqslant P_{\text{load}}(t)$$

$$P_{\text{lack}} = P_{\text{load}}(t) - P_{\text{pv}}(t) \cdot \eta_{\text{c}}$$
计算该时间段内的能量缺失 $E_{\text{LPS}}(t)$

$$SOC(t) < SOC_{\text{max}}$$

Y　　　　　　　　　　N

OP1　　　　　　　　　OP2

图 7-18　能量调度模型一流程图

若经过时间 t 蓄电池充电没有达到其最大容量，那么在整个时间 t 中蓄电池都以恒定功率充电，如式(7-44)：

$$
\begin{cases}
E_{\text{LPS}}(t) = P_{\text{load}}(t) \cdot t + P_{\text{ba}} \cdot t \\
E_{\text{LPS}} = E_{\text{LPS}} + E_{\text{LPS}}(t) \\
E_{\text{n}} = E_{\text{n}} + P_{\text{load}}(t) \cdot t \\
M_{\text{buy}} = P_{\text{ba}} \cdot t \cdot e_{\text{buy}}
\end{cases}
\tag{7-44}
$$

若蓄电池剩余荷电容量不小于其最大容量，那么光伏电站与电网之间没有能量交换，即 OP2：

$$
\begin{cases}
E_{\text{LPS}}(t) = P_{\text{load}}(t) \cdot t \\
E_{\text{LPS}} = E_{\text{LPS}} + E_{\text{LPS}}(t) \\
E_{\text{n}} = E_{\text{n}} + P_{\text{load}}(t) \cdot t
\end{cases}
\tag{7-45}
$$

7.3.2.2　能量调度模型二

在能量调度模型二中，需要分两种情况讨论：一种是光伏的输出功率大于电网负荷的需求功率；另一种是光伏发电输出功率不大于电网负荷需求功率，能量调度流程图如图 7-19 所示。

(1)　光伏的输出功率大于电网负荷的需求功率

OP3 与 OP1 很相近，相比于 OP1 的不同之处，在于系统中有光伏组件同时向电网负荷和蓄电池供电，这时会有能量损失。

经过 $t_1 = [SOC_{\text{max}} - SOC(t)]/(P_{\text{ba}} \cdot \eta_{\text{ba}})$，其中 $t_1 < t$，蓄电池充电至最大容量 SOC_{max}，之后的 $(t - t_1)$ 时间，电网停止给蓄电池充电，即 OP3：

$$
\begin{cases}
E_{\text{LPP}}(t) = [P_{\text{pv}}(t) - P_{\text{load}}(t)] \cdot t - P_{\text{ba}} \cdot t_1 \\
E_{\text{LPP}} = E_{\text{LPP}} + E_{\text{LPP}}(t) \\
E_{\text{n}} = E_{\text{n}} + P_{\text{load}}(t) \cdot t \\
E_{\text{g}} = E_{\text{g}} + P_{\text{pv}}(t) \cdot t \\
M_{\text{sale}} = [P_{\text{pv}}(t) \cdot t - P_{\text{ba}} \cdot t_1] \cdot e_{\text{sale}}
\end{cases}
\tag{7-46}
$$

式中，$E_{LPP}(t)$ 为时间周期 t 内系统损失的能量；e_{sale} 为当前时段的电站购电电价；M_{sale} 为光伏电站购电需要的成本。

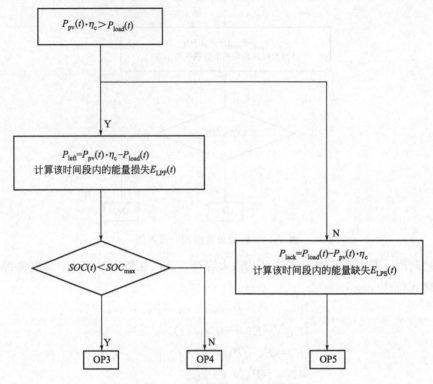

图 7-19　能量调度模型二流程图

若经过时间 t 蓄电池充电没有达到其最大容量，那么在整个时间 t 中蓄电池都以功率 P_{ba} 充电：

$$
\begin{cases}
E_{LPP}(t) = [P_{pv}(t) - P_{load}(t)] \cdot t - P_{ba} \cdot t \\
E_{LPP} = E_{LPP} + E_{LPP}(t) \\
E_n = E_n + P_{load}(t) \cdot t \\
E_g = E_g + P_{pv}(t) \cdot t \\
M_{sale} = P_{load} \cdot t \cdot e_{sale}
\end{cases}
\tag{7-47}
$$

OP4 与 OP2 很相近，相比于 OP2 的不同之处，只在于系统中有光伏组件向电网负荷供电，存在能量损失，如式（7-48）所示：

$$
\begin{cases}
E_{LPP}(t) = [P_{pv}(t) - P_{load}(t)] \cdot t \\
E_{LPP} = E_{LPP} + E_{LPP}(t) \\
E_n = E_n + P_{load}(t) \cdot t \\
E_g = E_g + P_{pv}(t) \cdot t \\
M_{sale} = P_{load}(t) \cdot t \cdot e_{sale}
\end{cases}
\tag{7-48}
$$

(2) 光伏发电输出功率不大于电网负荷需求功率

光伏组件只向电网负荷供电，存在能量缺失，即 OP5：

$$\begin{cases} E_{\mathrm{LPS}}(t) = [P_{\mathrm{load}}(t) - P_{\mathrm{pv}}(t)] \cdot t \\ E_{\mathrm{LPS}} = E_{\mathrm{LPS}} + E_{\mathrm{LPS}}(t) \\ E_{\mathrm{n}} = E_{\mathrm{n}} + P_{\mathrm{load}}(t) \cdot t \\ E_{\mathrm{g}} = E_{\mathrm{g}} + P_{\mathrm{pv}}(t) \cdot t \\ M_{\mathrm{sale}} = P_{\mathrm{pv}}(t) \cdot t \cdot e_{\mathrm{sale}} \end{cases} \tag{7-49}$$

7.3.2.3 能量调度模型三

由于能量调度模型三处于峰时段，所以一切以大电网负荷为重，如图 7-20 所示，同样分两种情况考虑：

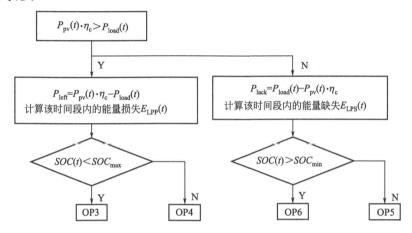

图 7-20　能量调度模型三流程图

① 光伏发电输出功率大于电网负荷需求功率，这种情况同能量调度模型二中的（1）完全相同，这里就不再赘述。

② 光伏发电输出功率不大于电网负荷需求功率。若蓄电池剩余荷电容量大于其最小容量，由于峰时期售电电价高，那么蓄电池以功率 P_{ba} 放电，经过 $t_1 = [SOC(t) - SOC_{\min}]/$ $(P_{\mathrm{ba}} \cdot \eta_{\mathrm{ba}})$，其中 $t_1 < t$，蓄电池放电至最小容量 $SOC_{\min}$，之后的 $(t - t_1)$ 时间，蓄电池停止给大电网负荷供电，即 OP6：

$$\begin{cases} E_{\mathrm{LPS}}(t) = [P_{\mathrm{load}}(t) - P_{\mathrm{pv}}(t)] \cdot t - P_{\mathrm{ba}} \cdot t_1 \\ E_{\mathrm{LPS}} = E_{\mathrm{LPS}} + E_{\mathrm{LPS}}(t) \\ E_{\mathrm{n}} = E_{\mathrm{n}} + P_{\mathrm{load}}(t) \cdot t \\ E_{\mathrm{g}} = E_{\mathrm{g}} + P_{\mathrm{pv}}(t) \cdot t \\ M_{\mathrm{sale}} = [P_{\mathrm{pv}}(t) \cdot t + P_{\mathrm{ba}} \cdot t_1] \cdot e_{\mathrm{sale}} \end{cases} \tag{7-50}$$

式（7-51）表明若经过时间 t 蓄电池放电没有达到其最小容量，那么在整个时间 t 中蓄电池都放电：

$$\begin{cases} E_{\mathrm{LPS}}(t) = [P_{\mathrm{load}}(t) - P_{\mathrm{pv}}(t)] \cdot t - P_{\mathrm{ba}} \cdot t \\ E_{\mathrm{LPS}} = E_{\mathrm{LPS}} + E_{\mathrm{LPS}}(t) \\ E_{\mathrm{n}} = E_{\mathrm{n}} + P_{\mathrm{load}}(t) \cdot t \\ E_{\mathrm{g}} = E_{\mathrm{g}} + P_{\mathrm{pv}}(t) \cdot t \\ M_{\mathrm{sale}} = [P_{\mathrm{pv}}(t) \cdot t + P_{\mathrm{ba}} \cdot t] \cdot e_{\mathrm{sale}} \end{cases} \tag{7-51}$$

若蓄电池剩余荷电容量不大于其最小容量，那么只有光伏给电网负荷供电，即与 OP5 相同。

7.3.2.4　能量调度模型四

此模型四处于峰时段的 19：00～23：00，售电电价高，一切以大电网负荷需求为重。根据在青海光伏电站监测的数据表明，这时光伏不发电或是光伏发电功率太低而不能被捕获，其能量流程图如图 7-21 所示。

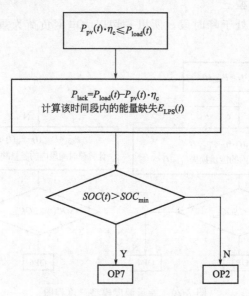

图 7-21　能量调度模型四流程图

在这种调度模型下，若蓄电池剩余荷电容量大于其最小容量，蓄电池放电，经过 $t_1 = [SOC(t) - SOC_{min}]/(P_{ba} \cdot \eta_{ba})$，其中 $t_1 < t$，蓄电池放电至最小容量 SOC_{min}，之后的 $(t - t_1)$ 时间，电网停止给蓄电池充电，存在能量缺失，即 OP7：

$$\begin{cases} E_{LPS}(t) = P_{load}(t) \cdot t - P_{ba} \cdot t_1 \\ E_{LPS} = E_{LPS} + E_{LPS}(t) \\ E_n = E_n + P_{load}(t) \cdot t \\ M_{sale} = P_{ba} \cdot t_1 \cdot e_{sale} \end{cases} \tag{7-52}$$

若经过时间 t 蓄电池放电没有达到其最小容量，那么在整个时间 t 中蓄电池都放电：

$$\begin{cases} E_{LPS}(t) = P_{load}(t) \cdot t - P_{ba} \cdot t \\ E_{LPS} = E_{LPS} + E_{LPS}(t) \\ E_n = E_n + P_{load}(t) \cdot t \\ M_{sale} = P_{ba} \cdot t \cdot e_{sale} \end{cases} \tag{7-53}$$

若蓄电池剩余荷电容量不大于其最小容量，那么光伏电站与电网之间没有能量交换，即 OP2：

$$\begin{cases} E_{LPS}(t) = P_{load}(t) \cdot t \\ E_{LPS} = E_{LPS} + E_{LPS}(t) \\ E_n = E_n + P_{load}(t) \cdot t \end{cases} \tag{7-54}$$

7.3.3　系统运行的目标函数与约束条件分析研究

在光伏电站只有光伏组件和储能蓄电池，所以相比于微网，光伏电站能量管理模型的目标函数主要考虑光伏组件及其配套设备和蓄电池及其配套设备的成本费用。

7.3.3.1　目标函数

根据 IEC60300—3—3 的规定，系统优化模型定义购置成本、运行成本、维护成本和处置成本这四大成本之和。为了避免模型太复杂而影响建模，需要简化目标函数，本文在各成本前设置不同的比例系数。为了体现合理性，折算为年均费用，具体表达式如式(7-55)：

$$\min C = C_{iv} + C_{oc} + C_{mc} + C_{dc}$$
$$= (1 + k_{ocba} + k_{mcba} + k_{dcba}) \cdot k_{deba} \cdot m \cdot f_{ba} \tag{7-55}$$

式中，C_{iv} 为购置成本（investment cost），包括储能装置及配套设备的购买成本；f_{ba} 为蓄电池的单价；m 为蓄电池的个数；k_{deba} 为储能蓄电池的年折旧值；C_{oc} 为运行成本（operating cost），包括光伏电站中储能电池的试验、安装、损耗成本和人工费用等；k_{ocba} 为蓄电池的运行成本系数；C_{mc} 为维护成本（maintenance cost），包括定期的检修成本和维修故障的成本；k_{mcba} 为蓄电池的维护成本系数；C_{dc} 为处置成本（disposal cost），包括蓄电池的报废成本和残余值；k_{dcba} 为蓄电池的处置成本系数。

蓄电池的年折旧值的不同计算方法如下：

用容量损失度来表示蓄电池的折旧值。研究表明，蓄电池的容量损失与其自身的放电深度 l_{DOD} 呈线性关系，将蓄电池的充放电循环次数 N_{DOD} 折算为等效的 l_{DOD}，$l_{DOD} = 100\%$ 表示充放电的循环次数为 N_c，折算公式为 $N_c = N_{DOD} \cdot l_{DOD}$。还代表充放电循环寿命次数为 N_{ba}，那么折旧值表达为

$$k_{dcba} = \frac{N_c}{N_{ba}} \tag{7-56}$$

以往的成本研究中只考虑了降低初始购买成本，有一定的局限性，考虑不全面。本文构建的目标函数将光伏电站的成本扩大到了初期的安装、后期的运行、维护、失效报废等光伏电站的整个生命周期，优化结果更具有实际应用价值。

7.3.3.2　约束条件

根据上文搭建的能量管理模型，同时考虑光伏组件与蓄电池的运行特性，需要建立满足并网光伏电站安全可靠的运行约束条件。

(1) 合理性要求

$$P_{ba}(t) \cdot \eta_c = |P_{load}(t) - P_{pv}(t) \cdot \eta_c| \tag{7-57}$$
$$SOC_{min} \leqslant SOC(t) \leqslant SOC_{max} \tag{7-58}$$

(2) 蓄电池充放电约束

$$0 \leqslant |P_{ba}(t)| \leqslant U_{ba}(t) P_{dh\_max}(t) \tag{7-59}$$

其中，

$$P_{dh\_max}(t) = \min\{[SOC(t) - SOC_{min}] \cdot C_{ba}/\Delta t, I_{dh\_max}\} \cdot V_{ba}(t) \tag{7-60}$$

式中，$V_{ba}(t)$ 为蓄电池在 t 时刻的工作状态，0 表示不工作，1 表示放电；$P_{dh\_max}(t)$ 为在 t 时刻蓄电池的最大放电功率；C_{ba} 为蓄电池组的安时容量；Δt 为调度的时间间隔；I_{dh_max} 为允许的蓄电池组的最大放电电流；$V_{ba}(t)$ 为蓄电池组两端的电压。

一般情况下，规定单位时间内最大的充放电电流为蓄电池的额定安时容量的 20%，表

达式如下：

$$I_{\text{dh\_max}} = 0.2C_{\text{ba}}/\Delta t \tag{7-61}$$

(3) 光伏电站与大电网间的最大容量约束

$$\begin{cases} 0 \leqslant P_{\text{Pgrid}}(t) \leqslant U_{\text{P}}(t)P_{\text{Pgrid}}^{\max} \\ 0 \leqslant P_{\text{Sgrid}}(t) \leqslant U_{\text{S}}(t)P_{\text{Sgrid}}^{\max} \end{cases} \tag{7-62}$$

式中，$P_{\text{Pgrid}}^{\max}$ 为光伏电站从大电网购电的最大有功功率限值；$P_{\text{Sgrid}}^{\max}$ 为光伏电站向大电网售电的最大有功功率限值。

(4) 潮流约束条件

$$\begin{cases} P_i - \sum_{j=1}^{n}\left[e_i(G_{ij}e_j - B_{ij}f_j) + f_i(G_{ij}f_j + B_{ij}e_j)\right] = 0 \\ Q_i - \sum_{j=1}^{n}\left[f_i(G_{ij}e_j - B_{ij}f_j) + e_i(G_{ij}f_j + B_{ij}e_j)\right] = 0 \end{cases} \tag{7-63}$$

式中，i，$j \in S_N$，P_i、Q_i 为注入各节点的有功和无功功率；e_i、f_i 表示各节点电压的实部和虚部；G_{ij}、B_{ij} 为 i 与 j 节点导纳的实部和虚部；n 为光伏电站的总节点个数；S_N 为光伏电站的所有节点集合。

(5) 从大电网买电、卖电互斥约束

$$U_{\text{P}}(t) + U_{\text{S}}(t) \leqslant 1 \tag{7-64}$$

7.3.4 算例分析

7.3.4.1 基础数据

由于大型光伏电站系统过于复杂，本文选取简化的光伏电站，图 7-22 所示为光伏算例系统，其中 PCC 表示与外部大电网（Grid）的公共耦合点，一直保持闭合状态，光伏电站运行在并网模式下。系统中包含光伏发电（photovoltaic，PV）和储能蓄电池（battery，Ba）。其中，各节点间线路的单位长度阻抗取为 $0.64 + \text{j}0.1\Omega/\text{km}$，光伏发电容量为 1MW，蓄电池组的最大充放电功率均为 1.2MW。

本文选取的储能蓄电池和光伏电池板的参数如表 7-3 所示。

表 7-3 蓄电池和光伏电池板参数

类　型	铅酸蓄电池	光伏电池板
额定容量	100A·h	280W
额定电压	12V	—
放电深度	0.2	—
充电效率	0.8	—
放电效率	0.9	—
循环寿命	500 次	—
维护成本系数	0.02	0.009
运行成本系数	0.1	0.08

类　型	铅酸蓄电池	光伏电池板
处置成本系数	0.08	0.06
单价	400 元	500
逆变器效率	0.9	0.85

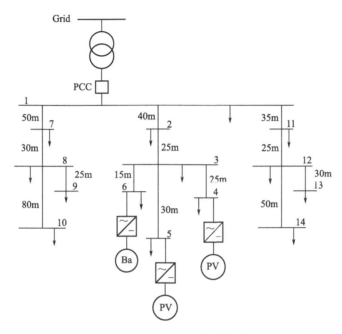

图 7-22　光伏电站算例系统示意图

本算例实行分时电价政策，不同时段的分时电价表如表 7-4 所示。

表 7-4　不同时段电价表

时段	时间	购电电价(元/kW·h)	售电电价(元/kW·h)
谷时段	0:00~7:00,23:00~24:00	0.43	0.32
平时段	7:00~11:00,16:00~19:00	0.70	0.54
峰时段	11:00~16:00,19:00~23:00	1.56	1.28

　　为了提高光伏发电利用效率，光伏电池发电采用 MPPT 模式，其输出遵循图 7-23 所示的有功功率输出曲线。为了使测试更加接近真实情况，系统中的负荷分为家庭/工业负荷，并且假定各负荷都遵循图 7-23 所示的曲线图。

7.3.4.2　算例结果

　　以 15min 为一个实时调度周期，本章所提出的并网模式下的光伏电站能量管理模型，在 MATLAB 环境下运行程序，可以得到光伏发电负荷用电典型的分布曲线如图 7-23 所示，并得到光伏电站的能量缺失量、能量损失量，如图 7-24 所示，蓄电池一整天的荷电状态 SOC 曲线如图 7-25 所示，各个调度周期内光伏电站的成本与利润，如图 7-26 所示。

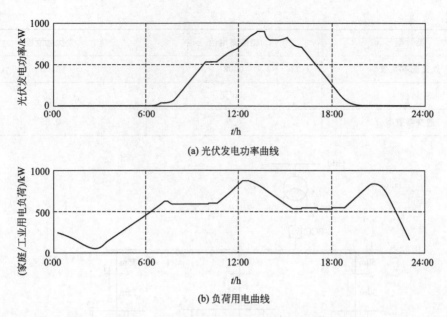

(a) 光伏发电功率曲线

(b) 负荷用电曲线

图 7-23　光伏发电、负荷用电典型日分布曲线

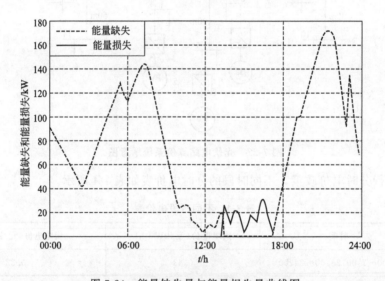

图 7-24　能量缺失量与能量损失量曲线图

从图 7-24 中可以看出，在谷平时段光伏电站主要从电网购电，在峰时段向电网售电，对大电网达到了"削峰填谷"的效果。通过计算，得出光伏电站运行的一天中总能量损失量 E_{LPPP} 为 257.18kW，电源发电总量 E_g 为 6379.98kW，根据式（7-47）可得能量损失率为 R_{LPPP} 为 4.03%；总能量缺失量 E_{LPS} 为 6699.84kW，负荷总需求量 E_n 为 12303.25kW，同理可得能量缺失率为 54.46%。结合图 7-28 可以看出，此光伏系统的能量损失率很小，很好地避免了能量的浪费，而能量缺失主要发生在平、谷时段，光伏组件发电量还不能够满足电网负荷的需求，所以需要扩大光伏电站的容量并提高光伏电池板的发电效率。

从图 7-25 中可以看出，在 0：00～6：00（谷时段）将从电网购买的电能对蓄电池充电，在 13：00～16：00（峰时段）将光伏组件发出的多余电能对蓄电池充电，而在 11：00～

13：00（峰时段）及 19：00～23：00（峰时段）蓄电池放电并配合光伏组件向电网卖电，由表 7-4 可知不同时段的售电、购电的价格不同，利用蓄电池的充放电实现以较低价格从电网购电，并以较高的价格卖给电网，从而获取更多的利润。表 7-5 给出了电站全天运行成本。由图 7-25 还可以看出，蓄电池的荷电状态始终维持在安全的荷电状态范围内，防止了过冲或过放对蓄电池寿命的影响。

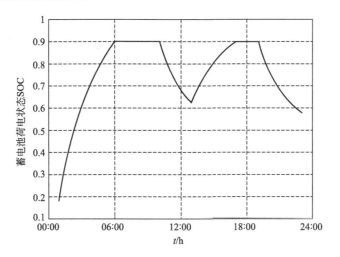

图 7-25　蓄电池组全天的荷电状态变化曲线

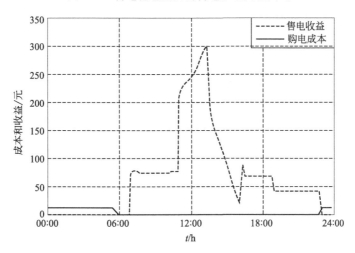

图 7-26　光伏电站购电成本和售电收益

表 7-5　光伏电站全天运行成本

运行成本/元	购电成本/元	售电收益/元	总利润/元
204.8	282.08	6320.50	5833.12

7.3.4.3　结果分析研究

根据图 7-26 和表 7-5 可以看出，该光伏电站运行一天售电收益为 6320.50 元，购电成本为 282.08 元，光伏电站总成本平均到每天为 1004.8 元，通过计算得出该光伏电站运行一天的总收益为 5833.12 元，可见在谷、平时段光伏电站以较低价格购电，在峰时段以较高价格售电，由此获得差额利润，降低了光伏电站的运行总成本，最大限度地获得最大的利润，达到了"削峰填谷"的效果，实现了光伏电站与大电网之间的"双赢"局面。

与此同时，储能蓄电池始终维持一定的储存能量，能够在大电网突然发生故障导致光伏电站转为非计划孤岛运行时提供紧急支撑，保证了光伏电站的安全可靠运行。

第8章

分布式发电与微电网

8.1 分布式发电系统

8.1.1 分布式发电概述

分布式发电（Distributed Generation，DG）也称分散式发电或分布式供能，一般指将相对小型的发电/储能装置（50MW 以下）分散布置在用户（负荷）现场或附近的发电/供能方式。分布式发电的规模一般不大，通常为几十千瓦到几十兆瓦，所用的能源包括天然气（含煤层气、沼气等）、太阳能、生物质能、氢能、风能、小水电等洁净能源或可再生能源；而储能装置主要为蓄电池，还可以采用超级电容器、飞轮储能等。此外，为了提高能源的利用效率，降低成本，分布式发电往往采用冷、热、电联供或热电联产的方式。

分布式发电有助于促进能源的可持续发展、改善环境并提高绿色能源的竞争力。

在大电网系统中的任何一点发生故障都会对整个大电网系统产生严重的影响，最终可能引起大面积停电甚至是全网崩溃事故，造成灾难性后果；集中式大电网还不能跟踪电力负荷的变化，而为了短暂的峰荷建造发电厂其花费是巨大的，经济效益也非常低，对环境的影响也备受关注。电力系统发展到今日，大电网结合分布式发电系统是节省投资，降低能耗，保护环境，增强电网系统安全性与灵活性的有效方式。

通过分布式发电和集中供电系统的配合应用有以下优点。

分布式发电系统中各电站相互独立，用户可以自行控制，不会发生大规模停电事故，所以安全可靠性比较高；分布式发电可以弥补大电网安全稳定性的不足，在意外灾害发生时继续供电，它已成为集中供电方式不可缺少的重要补充；可对区域电力的质量和性能进行实时监控，非常适合向农村、牧区、山区，发展中的中、小城市或商业区的居民供电，可大大减小环保压力；分布式发电的输配电损耗很低，甚至没有，无需建配电站，可降低或避免附加的输配电成本，同时土建和安装成本低；它可以满足特殊场合的需求，如用于重要集会或庆典的（处于热备用状态的）移动分散式发电车；调峰性能好，操作简单，由于参与运行的系统少，启停快速，便于实现全自动。

随着中国政府 2012 年底一系列政策的推出，作为分布式发电方式中的突出代表，分布式光伏发电在中国逐渐受到重视。截至 2012 年底，中国已并网投产的分布式电源 1.56 万个，装机容量 $3436 \times 10^4 kW$，其中分布式水电 $2376 \times 10^4 kW$，居世界第一；余热、余压、余气资源综合利用和生物质发电近年来增长迅速，装机 $871 \times 10^4 kW$，居世界前列。与此同时，我国风机、光伏电池和组件产量居世界第一，成为世界新能源装备制造中心；微型燃气轮机设备研制取得重大突破，初步具备了自主研发能力。

继 2012 年国家电网公司启动分布式光伏发电支持政策之后，2013 年 2 月 17 日，国家电网再次发布《关于做好分布式电源并网服务工作的意见》，进一步将示范扩大到天然气、生物质能、风能等新能源形式。这意味着，普遍用户今后不但能用太阳能、天然气等新能源发电装置给自己家供电，还可以将用不完的电卖给电网。该政策在 2013 年 3 月 1 日起执行。

根据《能源发展"十二五"规划》，2015 年，中国将建成 1000 个天然气分布式能源项目、10 个天然气分布式能源示范区；分布式太阳能发电达到 $1000 \times 10^4 kW$，建成 100 个以分布式可再生能源应用为主的新能源示范城市，分布式电源发展的新阶段即将到来。

8.1.2　分布式光伏发电系统概述

分布式光伏发电系统应用范围：可在农村、牧区、山区，发展中的大、中、小城市或商业区附近建造，解决当地用户用电需求。

分布式光伏发电系统的基本设备包括光伏电池组件、光伏方阵支架、直流汇流箱、直流配电柜、并网逆变器、交流配电柜等设备，另外还有供电系统监控装置和环境监测装置。其运行模式是在有太阳辐射的条件下，光伏发电系统的太阳能电池组件阵列将太阳能转换输出的电能，经过直流汇流箱集中送入直流配电柜，由并网逆变器逆变成交流电供给建筑自身负载，多余或不足的电力通过联接电网来调节。图 8-1 所示为一种分布式光伏发电系统结构示意图。

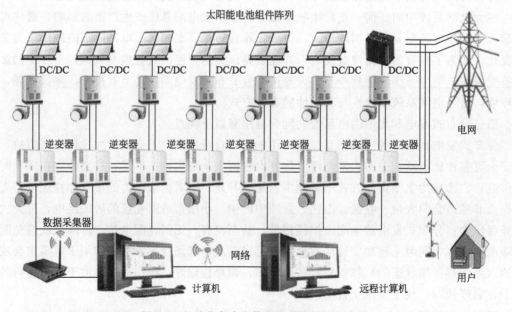

图 8-1　一种分布式光伏发电系统结构示意图

8.2 微电网基本概述

8.2.1 微电网的定义与应用

（1）微电网定义

微电网（micro-grid 或 microgrid），也译为微网，是指由分布式电源、储能装置、能量转换装置、负荷、监控和保护装置组成的小型发配电系统。它是一个实现自我控制、保护和管理的自制系统。微电网的分布式电源容量一般较小，通过电力电子装置与母线相连，通过控制电网与母线之间的开关，可以实现微电网与电网连接的并网运行和与电网断开的孤岛运行。微电网的控制比较灵活，它可以看作小型的电力系统，受大电网控制，调节简单满足用户需求。

微电网有并网和孤岛两种运行模式，不同的分布式电源在不同情况下的作用以及设计系统的要求也不相同。可将微电网控制模式划分为主从控制模式、对等控制模式和分层控制模式。

微电网能够克服分布式电源随机性和间歇性的缺点，合理有效地利用分布式电源；能够解决分布式电源的互联和大规模接入配电网的问题，实现整个网络中电能的实时平滑调节和优化控制；微电网还可以提高供电的安全性和可靠性，增强电网应对灾变的能力。

（2）微电网应用

总体来看，目前世界范围内的微电网工程以示范和研究为主，主要应用场所是难以接入大电网的海岛以及山区、大学校园，但也有少部分是在社区或城市，以实现社区或城市的智能化。见表 8-1。

表 8-1　微电网的主要应用领域

应用场所	微电网可解决的问题
远离大电网的偏远地区	解决当地用电及其他相关难题、改善民生
大学校园	进行微电网应用科学研究
消防、武警以及各地驻军	用电安全
医院、车站、企业总部大楼和企事业单位信息中心等	该类用户为关键负载或敏感性负载，需要高等级的供电安全性和稳定性
购物中心和高档写字楼	用电稳定性
居民社区	该类用户有较强的个性化用电需求，对用电的安全稳定性也有较高要求
广大农村地区	充分利用当地的风、光和生物质等可再生能源，节能环保

8.2.2 微电网的拓扑结构

根据微电网母线的特征，可将微电网划分三种结构形式，分别为直流微电网结构、交流微电网结构和交直流混合微电网结构形式。

（1）直流微电网

直流微电网结构特征是微电网系统中的微电源、储能装置、负荷等都连接到直流母线，而直流母线则通过电力电子装置与交流电网相连，如图 8-2 所示的结构形式。

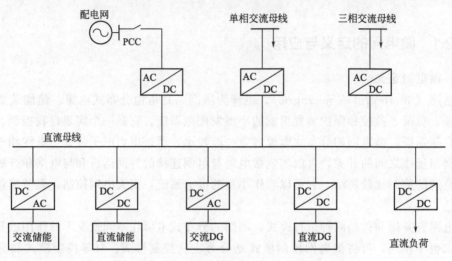

图 8-2　直流微电网结构

（2）交流微电网

交流微电网的结构特征是以交流母线形式构成的，微电源和负荷连接到交流母线，如图 8-3 所示的结构形式。通过控制交流母线与电网的连接，实现微电网的并网、孤岛状态切换。在这种结构下，各个 DG、储能装置通过电力电子装置直接与母线相连，并通过 PCC 与电网相连，符合交流用电情况，交流负荷不需要专门的逆变装置，因此交流微电网结构形式是最常见的。

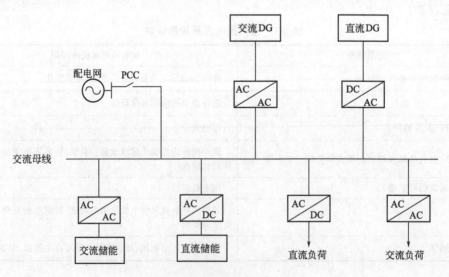

图 8-3　交流微电网结构

（3）交直流混合微电网

交直流混合微电网的结构特征是同时有交流母线和直流母线两种形式，分别可以直接给交流负荷和直流负荷供电，如图 8-4 所示的结构形式。

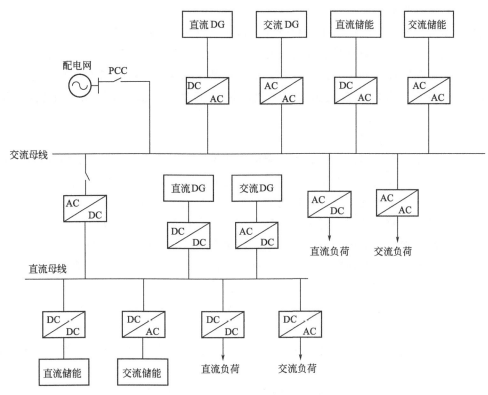

图 8-4 交直流混合微电网结构

8.2.3 微电网的分布式电源

微电网的分布式电源有很多能量转换形式,可将风能、太阳能、化学能、热能分别通过风机、光伏电池、燃料电池、微型燃气轮机等转换为电能。分布式电源各种各样,具有各自的特点和形式,下面主要介绍比较常见和具有代表意义的光伏发电系统、风力发电系统、燃料电池发电系统以及微电源的储能装置系统。

(1) 光伏发电

光伏发电是一种常见的利用太阳能发电的形式,当光线照到电池板后产生光伏效应,光子的能量转换为电能。当今世界传统能源不断减少以及科技不断进步,光伏发电技术必然飞速发展。光伏板产生的电能经过直流变换器和逆变器变为交流电,供交流负荷使用或者输给电网。虽然光伏发电成本高,但是它有其他的分布式电源不具有的优势:①发电原理先进,发电效率高;②能量多,分布广,用不尽;③没有资源短缺和耗尽问题;④没有机械磨损,无噪声;⑤易于建造安装、拆卸迁移;⑥使用寿命时间长;⑦维护成本低。

(2) 风力发电

风力发电是充分利用大自然风,通过风力发电机转换为电能。作为新型的可再生能源,由于无污染和能量大等优点,风力发电技术不断进步,风力发电系统已经在世界各地运行使用。风力发电系统种类很多,划分形式也各不相同,其中根据风机的转速不同分为恒频/恒速风力发电系统和恒频/变速风力发电系统。我国在建国后就大力发展风力技术,在新疆、河北等地区建立了风力发电厂,装机容量逐年增加。

（3）燃料电池发电

燃料电池发电是一种将燃料中的化学能直接变为电能的可再生能源发电的形式，具有污染少、效率高等优点。它将化学能通过电化学反应变为直流电，然后通过逆变器变为交流电与电网连接。燃料电池的并网控制方式与光伏并网基本相同。随着燃料电池发电技术不断完善，成本不断降低，各国正在大力发展，快步进入工业化阶段，主要应用于发电和汽车领域。

（4）微电源的储能装置

微电网发电系统在并网运行时，微电源的储能系统可以输出功率保证微电网的内部功率平衡，保证并网向孤岛运行的平滑切换；孤岛运行时，为保证微电网发电系统的电压和频率不波动，作为其他微电源的支撑，保证电能质量，储能装置必须要有一定的容量。常用的储能技术包括：蓄电池储能技术、超级电容储能技术、飞轮储能技术、压缩空气储能技术等。

蓄电池储能有着悠久的历史，它是分布式储能系统中非常重要的储能装置，电池包括铅酸蓄电池、锂离子电池以及镍镉电池等。每种电池都有自己的优缺点，但随着蓄电池技术的发展，钠硫和液流电池技术取得重要进展，它们具有容量大、效率高、发展前景好等优点，正在逐步实现商业化。蓄电池主要在维持系统稳定、平滑功率波动、保证重要负荷供电等方面发挥作用。

飞轮储能系统是一种利用物理方法将能量在飞轮实现储能，与其他储能系统相比具有在同等体积下容量大、范围广、效率高、寿命长、无污染等优点。由集成发电机、电力电子器件、控制系统、轴承等部分组成的飞轮储能系统，具有维护简单、实用时间长，对外部影响小等优点。随着电力电子器件和技术的进步、高温超导技术的出现以及高强材料出现，飞轮储能系统快速发展。

超级电容储能作为新型的分布式电源，其储存容量可达到法拉级甚至更高。它是通过一种多孔的电解质加大了两极板的面积，从而使储能能力得到了提高。根据电极的材料不同和储能原理不同，它有不同的分类。超级电容器的优点主要表现为：功率密度大，充放电速度快、使用时间长、循环寿命长；维护简单，可靠性高；无污染，对环境影响小；安装简单、使用方便，可以串并联使用；适应环境能力强，有很宽的工作温度范围。将储能装置接在用户侧，具有低成本、低电压、低污染等特点。随着储能技术的不断发展，储能装置也必将在微电网中得到更加广泛的应用。

8.3 蓄电池储能系统控制

8.3.1 蓄电池原理

蓄电池在微电源储能系统中是很常见的，种类很多。蓄电池储能系统大都采用比较传统的铅酸电池，成本比较低，但是缺点是循环寿命短、充电时间长、受温度影响大、维护工作量大、污染严重。锂离子电池作为新型高能量二次电池具有能量密度大、充电快、使用寿命长和安全性好等优点，本文选用锂离子电池作为蓄电池储能。

蓄电池储存的能量是有限的，且放电或充电过程中一直在变化，所以蓄电池本身的模型参数也很重要。

(1) 蓄电池容量

蓄电池的容量，用 Q 表示，单位为安时（A·h），它是释放的电量。

(2) 影响实际容量的因素

影响蓄电池的容量有很多因素，比如放电电流越大，蓄电池放电量越小；温度越高，放电量越大。

(3) 荷电状态

蓄电池在充电和放电时候，随着电池量的变换，蓄电池的电压也会变化，比如电池量减少，电压会降低。电池剩余容量一般用荷电状态（SOC）表示，SOC 定义为电池剩余容量比上蓄电池充满时候的容量，如式(8-1) 所示：

$$SOC = \frac{Q_r}{Q} \tag{8-1}$$

式中，Q_r 为电池的剩余容量，单位 A·h；Q 为电池的容量，单位 A·h。

8.3.2 蓄电池数学模型

蓄电池的种类很多，所以蓄电池有不同的数学模型。由于蓄电池的充放电特性不同，蓄电池研究的数学模型也有所不同，所以我们研究符合我们要求的比较通用的数学模型。蓄电池放电比较常见的是不同电压下恒流放电，如图 8-5 所示。根据对特性曲线进行研究，建立蓄电池的数学模型。

从图 8-5 可以看出，特性曲线包括指数特定区和额定特定区两部分，开始时，电压为充满电压，随着电池放电，电压开始迅速减小，然后基本不变，最后电压慢慢变为零。根据上述特性曲线变化，可以将蓄电池等效为电压源和电阻串联组成的电路，如图 8-6 所示，U_b 为蓄电池的端电压，i_b 为放电电流，E 为受控电压源；R_b 为内阻。

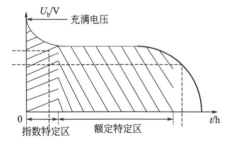

图 8-5 蓄电池恒流放电特性曲线

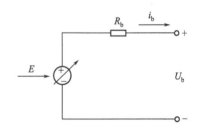

图 8-6 蓄电池等效电路模型

根据上述电路模型分析，假设内阻保持不变，蓄电池数学模型如式(8-2)：

$$E = E_0 - K\frac{Q}{Q - \int i_b dt}i_1 - K\frac{Q}{Q - \int i_b dt}\int i_b dt + A\exp(-B \cdot \int i_b dt) \tag{8-2}$$

式中，E_0 为电池量为零时蓄电池的电压，V；i_b 为蓄电池的放电电流，A；K 为极化电压，V；A 为指数区域幅值，V；i_1 为低频电流，A，放电时大于 0，充电时小于 0；B 为指数区域时间常数倒数，A·h^{-1}。

8.3.3 蓄电池充放电控制

蓄电池储能系统充放电过程中端电压变换很大，所以采用 DC/DC 变换器来调节蓄

图 8-7　蓄电池充放电控制图

电池充放电，图 8-7 为蓄电池充放电控制图。蓄电池充放电控制注意事项：①一般不要充满电后继续给蓄电池充电；②不要在电量很少时仍然继续放电；③注意充电电压和放电电流的限制；④注意环境温度。

蓄电池充电一般选取恒流充电或者限压限流控制策略，放电时由于随着放电时间变化，端电压会减小，所以要调节 DC/DC 变换器。蓄电池储能系统的 DC/DC 变换器不仅可以维持蓄电池直流高压侧恒定，同时还需要满足蓄电池发电系统的功率限制。图 8-8 为蓄电池 DC/DC 变换器控制框图。

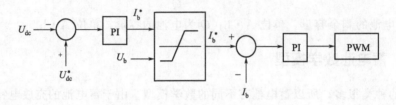

图 8-8　DC/DC 变换器控制框图

8.3.4　蓄电池仿真模型

根据式(8-2) 和蓄电池充放电原理，建立蓄电池的数学模型，如图 8-9 所示。通过设置蓄电池的类型、一定容量时的端电压和容量，可以随时计算出电池量剩余电量、放电电流和端电压。

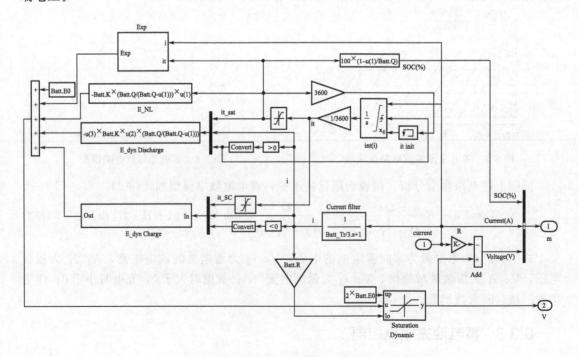

图 8-9　蓄电池内部仿真模型

8.4 逆变器的控制方法

逆变器的控制方法很多，双环控制是常见的一种控制方法。双环是指直流电压/功率外环和电流内环，外环的作用是保证直流电压稳定或者是保证功率恒定，同时产生内环所需的参考信号；内环提高逆变器输出电能质量。逆变器外环控制器主要包括恒功率控制（又称PQ控制）、恒压/恒频控制（又称 V/f 控制）、下垂控制（又称 Droop 控制）三种常见的控制策略，图 8-10 为三相并网逆变器控制图。

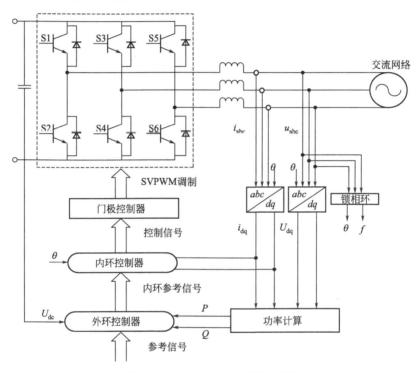

图 8-10　三相并网逆变器控制图

8.4.1　恒功率控制

恒功率控制的目的是当分布式电源的逆变器接入交流网络后，分布式电源输出有功功率等于设定的有功功率参考值，无功功率等于设定的无功功率参考值，解耦后分别控制，且系统的频率和电压基本不变，如图 8-11 所示。

设定分布式电源输出的有功功率参考值为 P_{ref}，无功功率设定的参考值为 Q_{ref}，系统频率为 f_0，分布式电源所接交流母线处的电压为 u_0。如图 8-11（a）所示，系统初始点为 A，频率在 $f_{min} \leqslant f \leqslant f_{max}$ 内变化时，使分布式电源输出的有功功率等于给定的参考值；如图8-11（b）所示，系统初始点为 A，电压在 $u_{min} \leqslant u \leqslant u_{max}$ 内变化，输出的无功功率等于给定的无功功率参考值。从图 8-11（a）和图 8-11（b）看出，恒功率控制不能保证电压和频率稳定，微电网并网时，需要电网电压和频率维持系统稳定，恒功率控制结构如图 8-12所示。

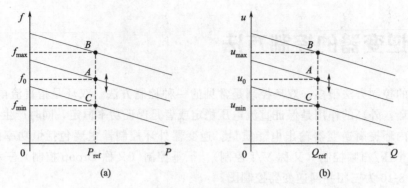

图 8-11 恒功率控制

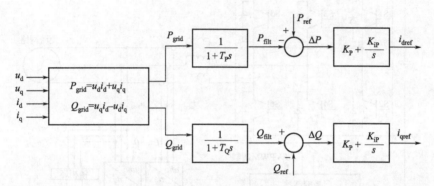

图 8-12 恒功率控制结构

从图 8-12 知，三相逆变器输出电流 $i_{a,b,c}$ 与电网电压 $u_{a,b,c}$ 进行派克变换后，得到 dq 轴分量 $i_{d,q}$、$u_{d,q}$，进而获得瞬时功率 P_{grid}、Q_{grid}，P_{grid} 和 Q_{grid} 经过低通滤波器后得到平均功率 P_{filt}、Q_{filt}，然后与给定的有功功率 P_{ref} 和无功功率 Q_{ref} 进行比较，得到的值进行 PI 调节，最后计算出内环参考信号 i_{dref} 与 i_{qref}。

上面介绍的恒功率控制计算出内环参考值，计算量较大，太繁琐。假如将 dq 轴的坐标进行旋转，使 d 轴与电压相同方向，从而电压在 q 轴分量为零，如式(8-3) 所示，这样计算简单，公式简化了。从式(8-3) 可以看出，内环所需的 i_{dref} 仅与设定的有功功率相关，内环所需的 i_{qref} 仅与设定的无功功率相关。与分布式电源直接相连的交流线路电压及电流之间关系可以用式(8-4) 表示：

$$\begin{cases} P_{grid}=u_d i_d \\ Q_{grid}=-u_q i_q \end{cases} \Rightarrow \begin{cases} i_{dref}=\dfrac{P_{ref}}{u_d} \\ i_{qref}=-\dfrac{Q_{ref}}{u_d} \end{cases} \tag{8-3}$$

$$\begin{cases} u_{Fd}=u_d+Ri_d+L\dfrac{di_d}{dt}-\omega Li_q \\ u_{Fq}=Ri_q+L\dfrac{di_d}{dt}+\omega Li_d \end{cases} \tag{8-4}$$

8.4.2 恒压/恒频控制

恒压/恒频控制是指逆变器输出功率出现改变时，微电源交流母线的电压和频率不会发生变化，如图 8-13 所示。

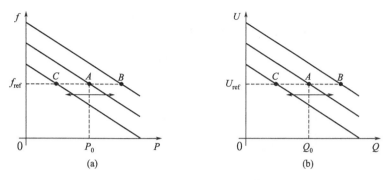

图 8-13　恒压/恒频控制特性曲线图

设定分布式电源频率参考值为 f_{ref}，电压参考值为 U_{ref}，系统输出有功功率为 P_0，无功功率为 Q_0。如图 8-13（a）所示，系统初始点为 A，功率在 $P_C \leqslant P \leqslant P_B$ 内变化时，使分布式电源频率等于给定的参考值；如图 8-13（b）所示，系统初始点为 A，无功功率在 $Q_C \leqslant Q \leqslant Q_B$ 内变化，输出电压等于给定的参考值。从图 8-13（a）和图 8-13（b）看出，V/f 控制可以维持系统的电压和频率稳定，它主要应用于微电网孤岛运行时作为主电源，也可以为其他微电源作为电压和频率参考，但是受到容量限制，一定要考虑负荷功率。恒功率控制结构如图 8-14 所示。

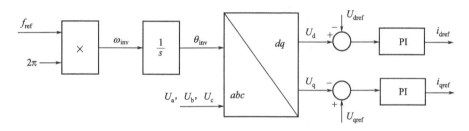

图 8-14　恒压/恒频控制框图

图 8-14 中，f_{ref} 是逆变器孤岛时给定的参考频率，θ_{inv} 是逆变器断开电网后的锁相角，采集的逆变器输出电压 u_{abc} 进行派克变换后，得到 dq 轴分量 u_{dq}，与所给定的参考信号 U_{dref} 与 U_{qref} 进行比较，得到的值进行 PI 调节，最后计算出内环参考信号 i_{dref} 与 i_{qref}。V/f 控制方法能保证微电网跟随系统设定的电压和相位值，采用电压电流双环控制，滤波电容电压环稳定负载电压，滤波电感电流环使其成为可控电流源，动态响应较快和抗干扰能力增强。

8.4.3　下垂控制

下垂（Droop）控制是利用分布式电源输出功率与电压和频率之间的关系进行控制，原理如图 8-15 所示。

设定分布式电源输出的有功功率为 P_0，无功功率为 Q_0，系统频率为 f_0，逆变器输出交流电压为 U_0。如图 8-15（a）所示，系统初始点为 A，当有功负荷增大到 P_1 时，系统功率不能满足要求，导致频率下降，Droop 控制调节有功功率按下垂特性相应地变大，负荷功率也变小，最终达到系统新平衡 B 点；如图 8-15（b）所示，系统初始点为 A，当无功负荷

增大到 Q_1 时，系统功率不能满足要求，导致电压下降，Droop 控制调节无功功率按下垂特性相应地变大，无功负荷功率也变小，最终达到系统新平衡 B 点。由图 8-15 可以给出有功功率 P 和频率 f 以及无功功率 Q 与电压 U 的 Droop 关系为式(8-5) 和式(8-6)。

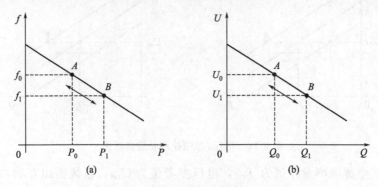

图 8-15　Droop 控制

$$\begin{cases} P=P_0+(f_0-f)K_{\mathrm{f}} \\ Q=Q_0+(U_0-U)K_{\mathrm{U}} \end{cases} \tag{8-5}$$

$$\begin{cases} f=f_0+(P_0-P)K_{\mathrm{P}} \\ U=U_0+(Q_0-Q)K_{\mathrm{Q}} \end{cases} \tag{8-6}$$

从式(8-5) 分析出，f-P 和 U-Q 的 Droop 控制是通过调节系统频率控制有功功率输出，调节电压控制无功功率输出；从式(8-6) 分析出，P-f 和 Q-U 的 Droop 控制是通过调节系统有功功率控制系统频率，调节无功功率控制系统电压。

8.4.4　内环控制器

内环控制器是对逆变器输出的电流进行调节，提高逆变器输出电能质量的。内环控制器分为 dq、$\alpha\beta$、abc 坐标系控制，本文采用第一种坐标下控制器，如图 8-16 所示。

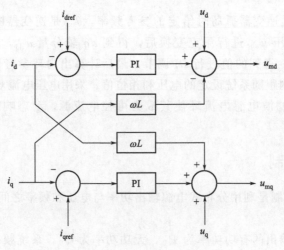

图 8-16　dq 轴内环控制器

图 8-16 对逆变器输出的电流 $i_{\mathrm{a,b,c}}$ 进行派克变换后，得到 dq 轴分量 $i_{\mathrm{d,q}}$，经过低通滤波后，与外环控制器输出参考信号 i_{dref} 和 i_{qref} 进行比较，得出结果进行 PI 调节，并且通过电

压前馈和交叉耦合补偿，从而得到输出电压控制信号 u_{md} 与 u_{mq}。

8.5 微电网工作模式与模式间切换

微电网的工作模式与模式间平滑切换是微电网的关键技术之一，是微电网正常运行和两种模式平滑切换的重要保证。本节主要是研究微电网控制策略、微电源的控制方法、孤岛检测技术以及锁相技术，最终实现微电网平滑切换控制。

8.5.1 微电网运行模式

微电网运行分为并网运行和孤岛运行两种模式，同时微电网出现故障时还有停止运行状态，微电网运行模式相互转换的示意图如图8-17所示。

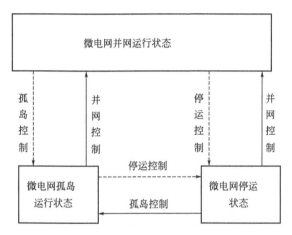

图 8-17　微电网运行模式的相互转换图

从图8-17可以发现：①微电网在并网运行时，通过孤岛控制转换到孤岛运行状态，也可以通过停运控制切换到停运状态；②微电网在孤岛运行时，通过并网控制转换到并网运行状态，也可以通过停运控制切换到停运状态；③微电网在停运状态时，通过孤岛控制转换到孤岛运行状态，也可以通过并网控制切换到并网状态。

并网运行是指微电网系统与电网相连，有能量传输。当微电源输出功率不能满足负荷功率时，由电网提供电能，保证所有负荷供电；当微电源输出功率过剩时，多余电能向电网传输。

孤岛运行是指微电网独立运行，不与电网连接，没有能量交换。微电网输出功率不能满足所有负荷时，由储能装置供电，必要时切除一般负荷。

8.5.2 微电网控制模式

根据微电网的两种运行模式，不同的分布式电源在不同情况下的作用以及设计系统的要求也不相同，可将微电网控制模式划分为主从控制模式、对等控制模式和分层控制模式。

（1）主从控制模式

主从控制是指为了保证微电网高质量运行，分布式电源控制策略有所区别，发挥的作用也不同。有些 DG 作为主控单元，根据电网和内部系统的情况采取不同策略。电网正常供电时，主控单元采取 PQ 控制，并且控制其他 DG 也采取 PQ 控制，同时一直采集电网信号保证与电网同步；电网出现故障或者系统要求断开电网时，主控单元检测孤岛现象或者接受到计划命令，断开 PCC 点，采取 V/f 控制，控制其他 DG 仍采用 PQ 控制，同时继续检测电网信号，为重并网做准备。主控单元检测微电源输出功率和负荷功率的变化，控制微电网与电网之间的能量交换。主控单元的控制器为主控制器，其他 DG 的为从控制器。微电网的主从控制结构如图 8-18 所示。

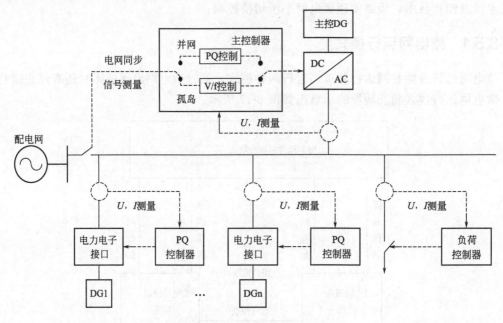

图 8-18　主从控制微电网结构

从图 8-18 可知，微电网孤岛运行时，主控单元为 V/f 控制，从控单元为 PQ 控制，主控单元输出功率能在一定范围内变化，这样可以应对负荷的功率变化。当微电源输出功率不能满足负荷功率需求，需要切除一般负荷，保证重要负荷供电。并网状态时，分布式电源采用恒功率控制，都以电网作为支撑；当电网出现故障或者计划孤岛运行时，主控单元由 PQ 控制模式转换为 V/f 控制模式；电网恢复正常或者孤岛计划结束开始重新并网时，主控单元由 V/f 控制变为 PQ 控制；两种模式的切换需要快速和平滑。主控单元控制器需要检测微电网中的电压、电流和功率等参数，并根据微电网运行中出现的情况采用相应的调节，保证微电网功率平衡以及电压和频率的稳定。主控单元通过 CAN 与其他从单元进行通信、接收和发送控制命令。

　　一般选取储能装置作为主控单元，如蓄电池、超级电容等，由于储能的容量限制，孤岛运行时间一般比较短；也可以直接用微电源作为主控制单元，如微型燃机，这种输出稳定易于控制的分布式电源，一般会选择容量较大，这样易于长期稳定运行；分布式电源加储能装置为主控制单元，将储能系统、光伏和风电组合起来为主控单元，可以提高新能源利用率和系统稳定性。

　　主从控制方法的步骤如下所示：

① 当由于电网掉电且主控制器检测到孤岛或者电网调度时，微电网主动脱离大电网进

入孤岛运行模式时，主逆变器为 V/f 控制，主控制器通过调整其他从控制器，实现微电网的功率平衡。

② 微电网系统内的负荷发生变化时，主控单元需要根据实际情况进行相应的调整，如负荷变大时，需要增大主控制单元输出功率保证负荷供电。当微电源输出功率大于负荷功率时，减小主控单元的功率输出，保证微电网稳定运行。

③ 当电网的功率调节达到上限时，此时负荷再增加，只能根据负荷的电压依赖特性，适当地减小负荷的电压值；如果仍然不能实现微电网的功率平衡，可以采取切除部分负载的方法来维持微电网运行。

由于主从结构控制方便、设计简单，本文采用主从结构，微电源为光伏单元和蓄电池单元，蓄电池单元为主控单元，光伏为从控单元，如图 8-19 所示。

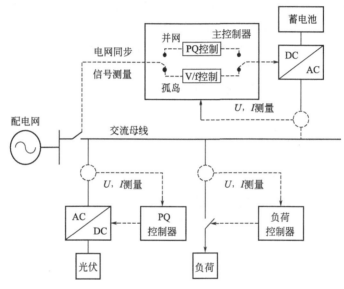

图 8-19　微电网控制结构图

(2) 对等控制模式

对等控制模式是指所有微电源地位平等，不用考虑其他单元的情况，每个微电源都根据配电网交流母线的电压和频率进行调节，控制结构如图 8-20 所示。

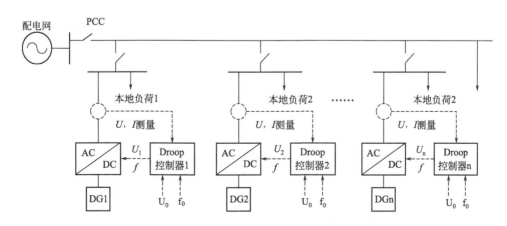

图 8-20　对等控制微电网结构

在对等控制的微电网中，分布式电源一般选择 Droop 控制方法。由下垂特性分析出，分布式电源的输出功率与频率和电压具有关联性，Droop 控制策略主要是按照这种思想进行控制的。

孤岛运行时，微电源都采用下垂控制，保证微电网的稳定运行；负荷功率出现改变后，微电源调整自己的频率和电压，减小功率波动，最终实现功率平衡。对等控制优点：①"即插即用"功能，在不改变微电网系统情况下，可以扩充新的单元，不用通信；②微电网切换过程中 Droop 策略不变，有利于微电网的稳定运行，实现无缝切换。但是对等控制调节后，系统的电压和频率有所变化；由于配电网无功功率影响很大，对等控制的下垂特性受到很大影响，在实际工程中，不能有效地调节，导致对等控制仍处于实验阶段。

(3) 分层控制模式

分层控制模式一般有两层和三层控制结构，两层控制结构中，一层为中央控制器，采集微电源的电气量信息，根据输出功率和负荷的变化，制定不同方案，控制微电源运行、停止以及相应的控制策略等，目的是保证微电网稳定运行。三层控制结构，主要包括管理层、优化层和微电源控制层；管理层的目的是管理多个微电网与电网进行能量交换，功率调度；优化层是每个小型微电网电压频率控制；微电源控制层是分布式电源的控制，一般为下垂控制。

8.5.3 平滑切换的研究

微电网在并网与孤岛模式之间的平滑切换要求在切换过程中，电压和频率的波动在一定会的范围内，这有利于微电网安全稳定、保证重要负荷供电性。主从控制比对等控制在孤岛运行时更稳定，主从控制要求主控单元容量较高，可以选择较大容量主控单元，切除一般负荷来解决。本文采用以蓄电池储能系统为主单元，光伏为从单元的主从控制结构，主要研究微电网平滑切换和切负荷控制。

(1) 并网控制策略

并网时，电网对微电网的稳定性进行支撑，光伏单元采用最大功率跟踪，可以提高新能源利用率。但是电网对微电网并网有一定要求，微电网内部电源容量也有限制，所以需要对微电网并网控制策略进行研究。

① 功率控制目标

并网运行时，微电网必须满足电网与微电网之间的能量交换协议规定，P_{PCC} 为 PCC 处的交换功率，P_{max} 和 P_{min} 分别为电网与微电网之间的能量交换的最大允许值和最小允许值，其控制目标如式(8-7)，孤岛运行时 $P_{PCC}=0$。

$$P_{min} \leqslant P_{PCC} \leqslant P_{max} \tag{8-7}$$

② 约束条件

蓄电池储能单元作为微电网能量调节元件，在并网和孤岛运行时采用不同的控制策略保证微电网稳定运行。蓄电池容量有限，主逆变器输出功率越大，蓄电池能量消耗得越快，约束条件如式(8-8) 所示：

$$\sum_{i=1}^{j} P_{gt} \Delta t \leqslant E \tag{8-8}$$

式中，P_{gt} 为蓄电池在时刻 t 的输出功率；E 为蓄电池的全部能量。

并网时，微电网功率平衡约束条件如式(8-9) 所示：

$$P_{PV} + P_{gt} + P_{PCC} = P_{LOAD} = P_{LOAD1} + P_{LOAD2} \tag{8-9}$$

式中，P_{PV} 为光伏电池的输出功率；P_{gt} 为蓄电池在时刻 t 的输出功率；P_{LOAD} 为全部负荷功率；P_{LOAD1} 为重要负荷功率；P_{LOAD2} 为一般负荷功率。

微电网系统的电压幅值和频率必须满足式(8-10)：

$$\begin{cases} f_{min} \leqslant f \leqslant f_{max} \\ U_{mini} \leqslant U_i \leqslant U_{maxi} \end{cases} \tag{8-10}$$

式中，f 为微电网频率；f_{min} 和 f_{max} 分别为微电网最小和最大频率值；U_i 为节点 i 处的电压幅值；U_{mini} 和 U_{maxi} 分别为节点 i 处的电压幅值的最小和最大波动值。

(2) 蓄电池储能系统的控制策略

蓄电池储能系统包括储能电池、整流桥、逆变器、控制系统和开关等。微电网并网运行时，蓄电池主逆变器采用 PQ 控制，吸收多余的能量进行储存；孤岛运行时，采用 V/f 控制，通过控制蓄电池输出能量来提高微电网的动态响应速度，保证重要负荷供电的可靠性，蓄电池整体结构如图 8-21 所示。

图 8-21　蓄电池整体结构图

从图 8-21 可知，微电网并网运行时，K_1 处于闭合状态，K_2 处于断开状态，蓄电池储能系统处于充电状态，微电源均采用 PQ 控制。蓄电池充满后，打开 K_1，闭合 K_2，蓄电池输出一定功率，保证微电网功率平衡。当微电网负荷变换时，电压和频率扰动将由电网承担，微电网参考电网的电压和频率进行调节，控制逆变器进行有功和无功功率输出，维持功率平衡。当检测到电网故障或计划孤岛时，断开与电网连接点 PCC，打开 K_1，闭合 K_2。光伏单元继续采用 PQ 控制，蓄电池采用 V/f 控制，蓄电池储能系统维持微电网的电压和频率稳定。

本文选用主从控制结构和交流母线形式的微电网，蓄电池作为主控单元，光伏为从单元。图 8-22 为并网模式下蓄电池控制流程图，P_{bat} 为蓄电池输出的功率，P_{PV} 为光伏单元输出功率，P_{LOAD} 为负载需要功率，P_{grid} 为微电网系统与大电网交换的功率。如果 $P_{PV} > P_{LOAD}$，即光伏发电系统发出的功率大于负载需要的功率，微电网将剩下的能量输出到电网，同时对蓄电池进行充电，蓄电池完全充满后，蓄电池停止工作。最后，微电网将多余功率全部输给电网。如果 $P_{PV} < P_{LOAD}$，即光伏发电系统发出的能量小于负载需要的功率，就要求电网向微电网输送功率，满足负载运行要求同时给蓄电池充电，蓄电池充满后，关闭开关 K_1，打开 K_2，蓄电池输出一定功率维持微电网的功率平衡。

图 8-23 为孤岛模式下蓄电池控制流程图，当微电网处于孤岛模式时，蓄电池持续不间断工作，调节微电网的电压和频率，维持微电网功率平衡。当 $P_{PV} > P_{LOAD}$ 时，即光伏发电系统发出的能量大于负载需要的功率，减少光伏功率，维持微电网功率平衡；如果 $P_{PV} < P_{LOAD}$，即光伏发电系统发出的功率小于负载需要的功率，就要求蓄电池放电维持微电网内部功率平衡，当蓄电池放电到最小值时，即蓄电池电压下降到最小值时，蓄电池不放电，只

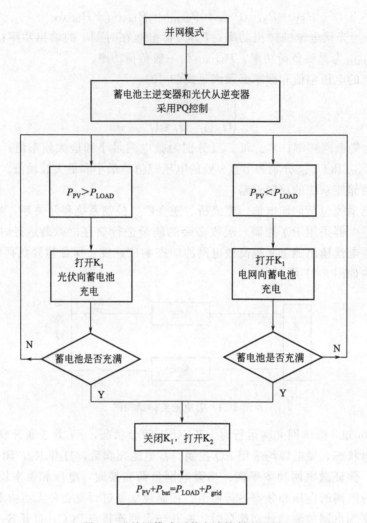

图 8-22 并网模式下蓄电池控制流程图

是维持微电网电压和频率稳定，不进行能量交换，通过切负荷，保证重要负荷的供电。

（3）新型锁相环

锁相环技术是实现微电网平滑切换的重要保证，目前软件锁相是比较常用的，为了更好地实现平滑切换，同时还需要孤岛时继续锁定电网相位以及预同步控制技术。

当微电网并网时，需要交流母线电压与电网电压，幅值相同、相位相同、频率相同，这就需要实时检测电网电压相位，锁相环技术是最普遍的相位同步方法。图 8-24 为锁相环模型。

图 8-24 中，U_a、U_b、U_c 分别为电网 A、B、C 三相电压，将 abc 坐标变换为 dq 坐标，这样可得到电网电压 dq 轴的分量，变换所需的相位角满足式（8-11）：

$$U_q = U\sin(\theta - \theta_0) \tag{8-11}$$

式中，U 为电压幅值。

通过将电压 q 轴的分量与 0 进行 PI 调节，可得使得其为 0，这样就得到 d 轴与 a 轴夹角，从而实现锁相。

当电网出现故障或微电网系统计划孤岛运行时，需要从并网模式转到孤岛运行模式，切

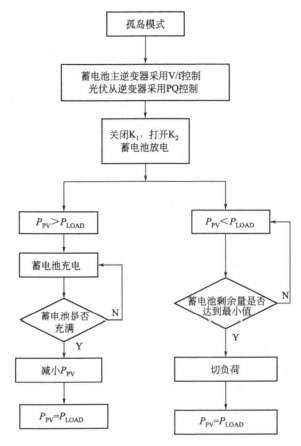

图 8-23 孤岛模式下蓄电池控制流程图

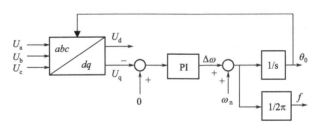

图 8-24 锁相环模型

换过程中必须保证交流母线电压和频率不发生变化,为了实现这一目的需要对切换时刻的相位进行锁定,即孤岛相位锁定。图 8-25 为孤岛相位锁定控制图。

图 8-25 中 f_{ref} 为参考频率;DF 为控制开关;ω_{inv} 为逆变器角速度;θ_{inv} 为逆变器相位角;θ_g 为电网内相位角;θ_{ref} 为输出相位角。并网运行时,DF=0,锁定的相位角为电网相位角,$\theta_{ref}=\theta_g$;孤岛运行时,DF=1,$\theta_{ref}=\theta_{inv}$。微电网孤岛运行时,相位继续以频率 f 向前变化,因此微电网相位不会改变,有利于微电网平滑切换。

当电网故障恢复后或微电网计划孤岛结束后,微电网发电系统开始重并网前,需要对交流母线公用点 PCC 处的两端电压进行预同步控制,保证电压幅值相等和相位一致。通过采集电网电压,对微电网输出电压进行调节,首先使电压幅值逐渐与电网大小一致,然后进行相位与频率的预同步控制。图 8-26 为预同步控制图。

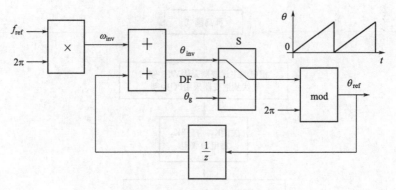

图 8-25　孤岛相位锁定控制图

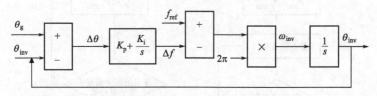

图 8-26　预同步控制图

图 8-26 可以看出，主控制器首先计算出电网的相位角和微电网系统输出的相位角，然后做差，经过 PI 调节得出频率补偿信号 Δf。孤岛运行下的频率 f_{ref} 减去 Δf 后作为主控制器的参考频率。这样可以通过改变主逆变器频率，从而使主逆变器相位与电网相位一致，减小因相位不同造成的冲击电流，有效地保证了微电网的平滑稳定运行。

(4) 改进主控制器

并网时，蓄电池主控制器和光伏从控制器采用 PQ 控制结构；孤岛时，主控制器变为 V/f 模式，从控制器不变。PQ 控制和 V/f 控制的内环结构相同，均采用在 dq 旋转坐标系控制。由于切换前后外环控制器不同，状态不匹配，电压、频率和功率容易出现跳变。为了实现微电网的平滑切换，将主控制器进行改进，如图 8-27 所示。

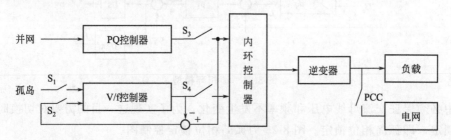

图 8-27　改进的主控制器

图 8-27 为主控制器、外环和内环控制为软件控制，S_1、S_2、S_3、S_4 为逻辑开关。并网时，闭合 S_2 和 S_3，断开 S_1 和 S_4，PQ 控制器运行，V/f 控制器一直随着 PQ 控制器变化，保证输出状态一致。孤岛时，断开 S_2 和 S_3，闭合 S_1 和 S_4。微电网从并网切换到孤岛运行模式，由于外环计算公式不变和电流内环运行模式不变，这样可以确保切换过程平滑切换。

图 8-28 为蓄电池作为微电网的主控单元的控制框图。微电网并网时，蓄电池单元采用 PQ 控制，给定参考值 P_{ref} 和 Q_{ref} 经过功率计算得到内环所需参考信号 i_{dref} 与 i_{qref}；孤岛运行时，蓄电池采用 V/f 控制，三相瞬时值电压 u_{abc} 进行派克变换后，得到 dq 轴分量 u_{dq}，

与所给定的参考信号 U_{dref} 与 U_{qref} 进行比较，所得值 PI 调节，计算出内环控制器的参考信号 i_{dref} 与 i_{qref}。电流内环控制器的 i_{dref} 和 i_{qref} 与逆变器输出电流 i_d 和 i_q 的差值经过 PI 调节对参考信号进行跟踪，电流内环输出的控制信号经门极控制器得到 SVPWM 调制信号。

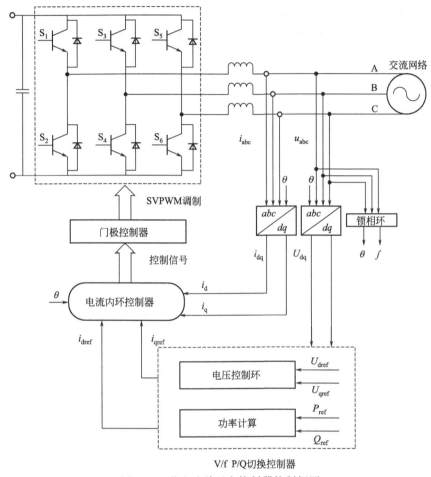

图 8-28　蓄电池单元主控制器控制框图

(5) 切负荷控制策略

切负荷研究的控制目标：①保证重要负荷供电可靠性；②减小切负荷造成的影响。微电网孤岛运行时，当光伏发电系统发出的能量小于负载需要的能量，就要求蓄电池放电维持微电网内部功率平衡，当蓄电池放电到最小值时，即蓄电池电压下降到最小值时，蓄电池不放电，只是维持微电网电压和频率稳定，不进行能量交换，通过切负荷，保证光伏单元发出的能量满足重要负荷所需的能量。

8.6　微电网设计仿真

微电网的控制包括微电网运行模式控制、光伏并网控制、蓄电池储能控制、微电网并网/孤岛切换控制、孤岛检测控制和切负荷控制。为了验证控制的可靠性和正确性，本节在MATLAB 中对微电网搭建仿真模型，包括微电网整体、光伏单元、蓄电池单元、PQ、V/f

和孤岛检测等模型。

8.6.1 仿真结构模型

图 8-29 为微电网发电系统结构图，本文的微电网主要由光伏阵列、蓄电池、逆变器和负荷四部分组成，其中负荷 1 为重要负荷，负荷 2 为一般负荷。微电网与电网的 PCC 点由可控断路器控制，实现微电网的并网和孤岛之间的切换。在这种结构下，分布式电源储能装置通过逆变器直接与母线相连，并通过 PCC 与大电网相连，交流负荷不需要专门的逆变装置。

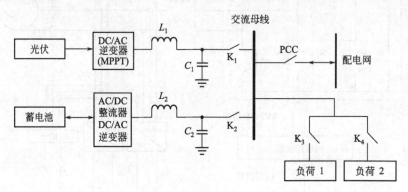

图 8-29　微电网发电系统结构图

图 8-29 中，K_1 为控制光伏单元与交流母线的开关，K_2 为控制蓄电池单元与交流母线的开关，K_3 为控制重要负荷与交流母线的开关，K_4 为控制一般负荷与交流母线的开关。光伏逆变器包括 MPPT 功能。逆变器滤波均为 LC 形式。

微电网发电系统采用主从控制策略，微电网处于孤岛运行模式时，光伏单元为 PQ 控制，蓄电池采用 V/f 控制模式，蓄电池输出功率能够在一定范围内可控，这保证输出功率满足负荷功率要求，并保证重要负荷供电。当微电网处于并网运行状态时，蓄电池和光伏单元均采用 PQ 控制。系统并网后，光伏阵列发出电能比较多时，一部分供负荷使用，一部分给蓄电池充电，还可以向电网输电；发电量不足时，蓄电池调节并网功率，保障重要负荷供电。

为了验证微电网控制策略的正确性，在 MATLAB/SIMULINK 搭建仿真模型，蓄电池单元、光伏电池单元和逆变器仿真参数如表 8-2 所示。

表 8-2　微电网仿真参数

单元	参数名	参数值
蓄电池单元	额定功率	8kW
	开关频率	12.3kHz
	容量	20A·h
	滤波电感	3mH
	滤波电容	10μF
	直流母线电压	650V
光伏电池单元	最大功率	8kW
	开路电压	708V
	短路电流	14.88A
	最大功率点电压	576V
	最大功率点电流	13.88A

单元	参数名	参数值
逆变单元	额定功率	8kW
	开关频率	12.3kHz
	滤波电感	3mH
	滤波电容	10μF
	直流母线电压	650V
电网	电网电压/频率	380V/50Hz
负荷	负荷1	5kW
	负荷2	3kW

8.6.2 微电网控制系统仿真模块

8.6.2.1 微电网仿真模型

微电网在 MATLAB 搭建的仿真结构模型如图 8-30 所示。仿真模型的三相交流电压源模拟电网系统，PV 模块代表额定功率为 8kW 的光伏阵列，Battery 模块表示额定容量为 20A·h 的蓄电池。负荷 1 额定的有功功率为 5kW，额定无功功率为 0Var；负荷 2 额定的有功功率为 3kW，额定无功功率为 0Var。负荷 2 为一般负荷，如果微电网系统内部功率供需不足时，可以切除负荷 2，保证微电网系统功率的平衡。

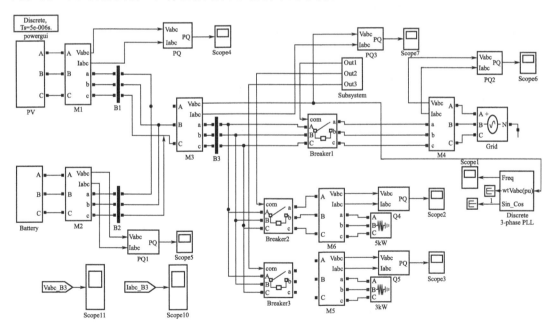

图 8-30　微电网仿真模型

8.6.2.2 光伏单元模块

图 8-31 为光伏单元的仿真模型，PV 模块包括光伏电池的仿真模型和光伏电池的 MPPT 模块，通过电压型逆变器和 *LC* 滤波，与电网相连。光伏单元的逆变器一直采用 PQ 控制。

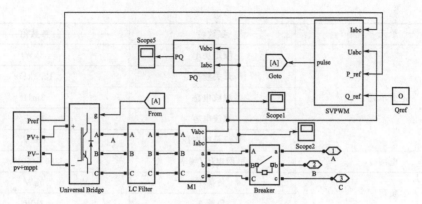

图 8-31　光伏单元的仿真模型

8.6.2.3　蓄电池单元模块

图 8-32 为蓄电池单元的仿真模型，蓄电池模块包括蓄电池逆变和整流两部分，蓄电池逆变模块为蓄电池通过电压型逆变器和 LC 滤波，与电网相连；整流模块为三相交流电网经过整流后对蓄电池充电。蓄电池逆变部分，并网时为 PQ 控制，孤岛时为 V/f 控制，电池为锂离子电池模型。

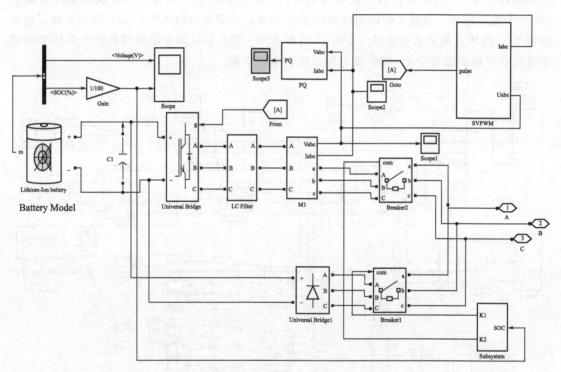

图 8-32　蓄电池单元的仿真模型

8.6.2.4　孤岛检测模块

图 8-33 为孤岛检测的仿真模块图，本文采用的是过/欠压和过/欠频检测的被动法。该方法简单、方便，不用增加其他的电路，只需检测逆变器输出电压即可。

8.6.2.5　逆变器控制模块

图 8-34 为 PQ 控制的仿真模块，图 8-35 为 V/f 控制的仿真模块。PQ 控制和 V/f 控制

为外环控制，目的是生成内环所需的电流参考值，两种控制策略的内环完全一致。

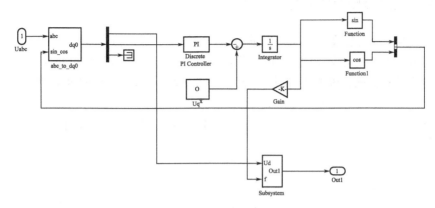

图 8-33　孤岛检测的仿真模块图

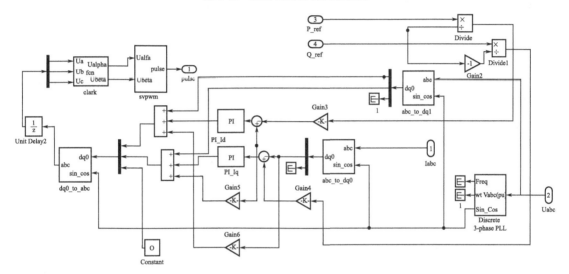

图 8-34　PQ 控制的仿真模块

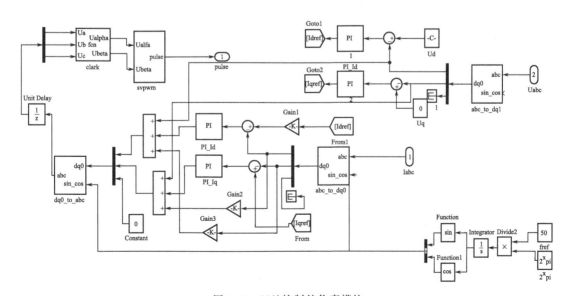

图 8-35　V/f 控制的仿真模块

8.6.3 光伏并网/孤岛仿真

为了完成微电网的仿真,本文首先进行光伏并网逆变器的仿真验证。光伏并网仿真模型按图8-31搭建,然后与电网相连。光伏额定功率为8kW,交流母线电压为380V,频率为50Hz。设定光伏单元输出有功功率为5kW,无功功率为0Var,如图8-36所示。交流母线电压如图8-37所示。逆变器输出交流电流如图8-38所示,孤岛向并网切换时间为0.2s。从图8-36~图8-38可以看出在0.2s时刻,光伏并网到孤岛模式基本实现平滑切换。

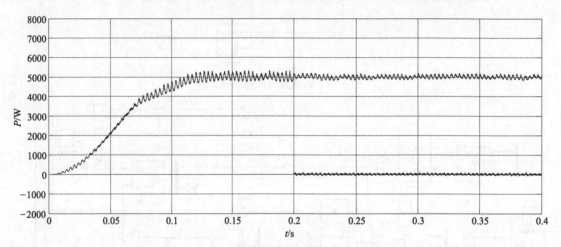

图 8-36　光伏单元输出功率

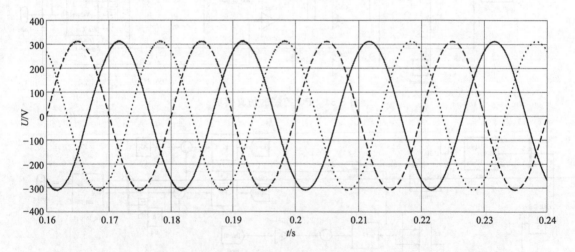

图 8-37　交流母线电压曲线变化

图8-39为光照度从670W/m²变为900 W/m²的曲线变化,图8-40为光伏逆变器输出有功功率从5kW增加到7kW。

8.6.4 微电网系统仿真结果和分析

算例1:微电网在并网和孤岛两种模式下的切换运行。

本算例对微电网并网、孤岛和两种模式切换进行仿真操作如表8-3所示。设定光伏单元

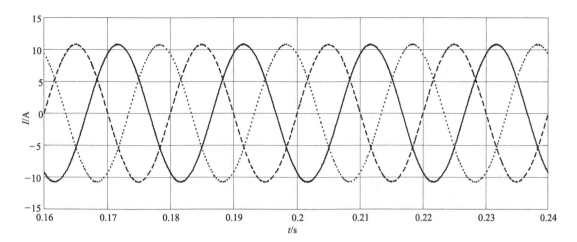

图 8-38　交流母线电流曲线变化

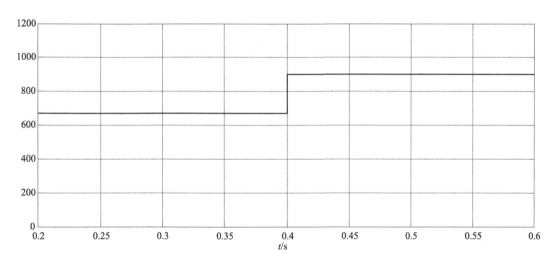

图 8-39　光照度曲线变化

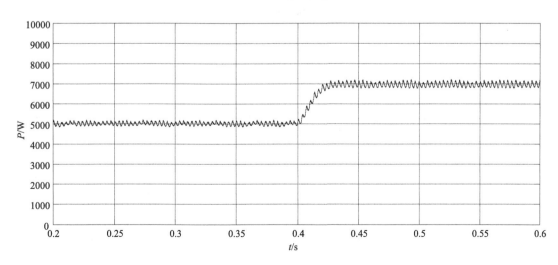

图 8-40　不同光照度的功率变化

有功功率为 7kW, 蓄电池单元输出有功功率为 1kW, 负荷 1 为 5kW, 负荷 2 为 3kW。

表 8-3　算例 1 仿真操作过程

时间	操作过程
0s	微电网孤岛运行,蓄电池单元为 V/f 控制,光伏单元为 PQ 控制
0.15s	启动预同步控制,准备并网
0.2s	PCC 连接,微电网切换到并网运行,蓄电池单元为 PQ 控制,光伏单元为 PQ 控制
0.4s	检测孤岛,PCC 断开,微电网切换到孤岛运行,蓄电池单元为 V/f 控制,光伏单元为 PQ 控制

图 8-41 为光伏单元输出有功功率变化图，图 8-42 为蓄电池单元输出有功功率变化图，图 8-43 为微电源输出有功功率变化图，图 8-44 为微电网与电网交换的有功功率变化图，图 8-45 为负荷 1 有功功率变化图，图 8-46 为负荷 2 有功功率变化图。由于整个过程，光伏单元和蓄电池单元输出功率不变，负荷不变，所以微电源输出功率相当稳定，负荷的功率也是稳定的。

图 8-47 为 PCC 交流母线的频率变化曲线图，从图中可以看出，孤岛与并网模式切换过程中微电网频率变化很小，微电网频率与电网频率基本相同。

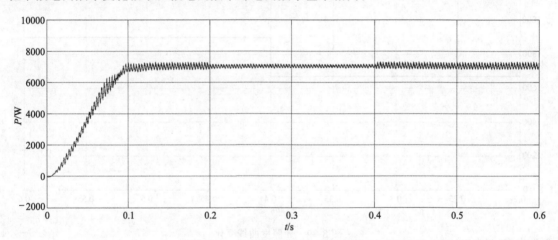

图 8-41　光伏单元输出有功功率

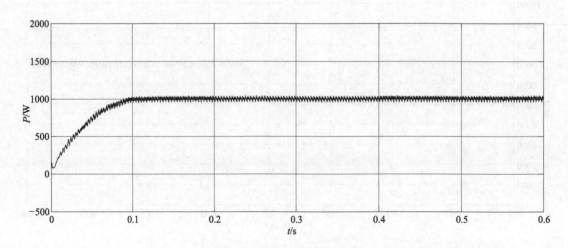

图 8-42　蓄电池单元输出有功功率

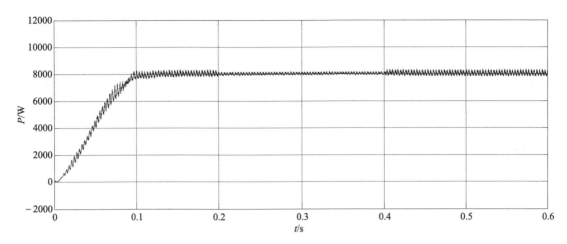

图 8-43　微电源输出有功功率

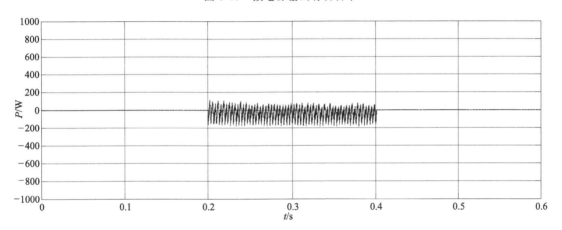

图 8-44　微电网与电网交换的有功功率

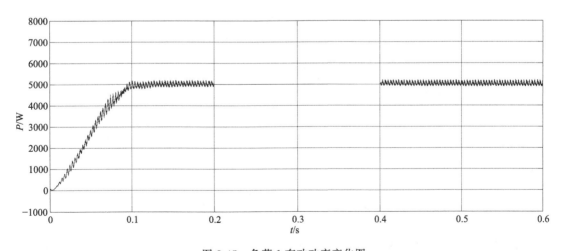

图 8-45　负荷 1 有功功率变化图

图 8-48 为孤岛到并网的电压曲线图，从图可以看出微电网基本实现平滑切换，主要原因是增加了新型锁相环和预同步控制，保证了微电网的电压幅值和相位与电网的同步。图 8-49 为并网到孤岛的电压曲线图，切换过程中，有小幅电压跌落，但很快恢复正常并且

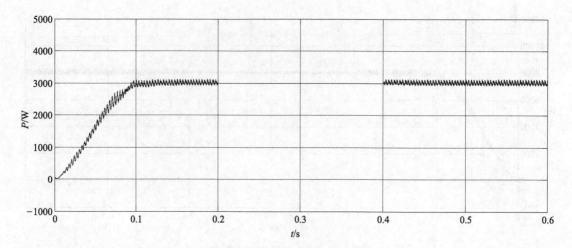

图 8-46　负荷 2 有功功率变化图

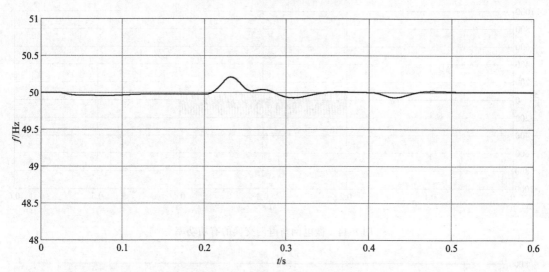

图 8-47　PCC 交流母线的频率变化图

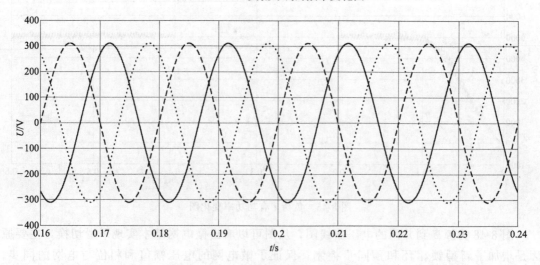

图 8-48　孤岛到并网的电压曲线图

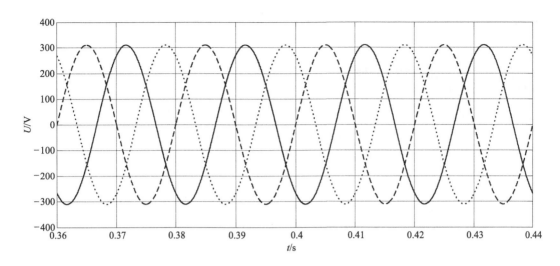

图 8-49　并网到孤岛的电压曲线图

波动在一定范围内，微电网实现平滑切换。

算例 2：微电网运行中切负荷。

微电网孤岛运行时，微电源发出的功率不能满足负荷的需求，需要切除一般负荷，保证重要负荷供电的可靠性，操作如表 8-4 所示。

表 8-4　算例 2 仿真操作过程

时间	操作过程
0s	微电网孤岛运行，光伏单元为 PQ 控制，蓄电池单元为 V/f 控制
0.2s	光伏输出功率变化，切负荷
0.35s	启动预同步，为再次并网做准备
0.4s	微电网 PCC 闭合，微电网为并网运行模式

图 8-50 为光伏单元输出有功功率变化图，0.2s 时刻，有功功率从 7kW 变化到 3kW；图 8-51 为蓄电池单元输出有功功率变化图，有功功率从 1kW 变化到 2kW；图 8-52 为微电源全部的输出有功功率变化图，有功功率从 8kW 变化到 5kW。由于微电源输出功率变小，所以及时切掉一般负荷，满足重要负荷供电，0.2s 后，负荷从 8kW 变为 5kW。

图 8-53 为 PCC 交流母线的频率变化曲线图，从图中可以看出，微电网在并网与孤岛两种模式的频率变化不大，波动在允许的范围内，因此频率可以认为是稳定的。图 8-54 为孤岛时微电网电流曲线图，微电源在 0.2s 时刻输出功率变小，所以电流变小。图 8-55 为孤岛到并网的电流曲线图，在 0.4s 时刻基本实现平滑切换。

图 8-56 为孤岛时电压曲线图，微电源在 0.2s 时刻输出功率变小，由于功率变化，电压波形出现波动，小范围波动后，电压稳定输出。图 8-57 为孤岛到并网的电压曲线图，从图可以看出微电网基本实现平滑切换，主要原因是增加了新型锁相环和预同步控制，保证了微电网的电压幅值和相位与电网的同步。

上述两个案例仿真表明，微电网切换过程中，电压和频率的波动很小，在允许的范围内。本文策略起到了微电网平滑切换，保证了重要负荷供电和维持功率平衡的控制效果。孤岛到并网切换，通过电压电流波形表明基本实现平滑和无缝切换，主要是由于采用锁相环和

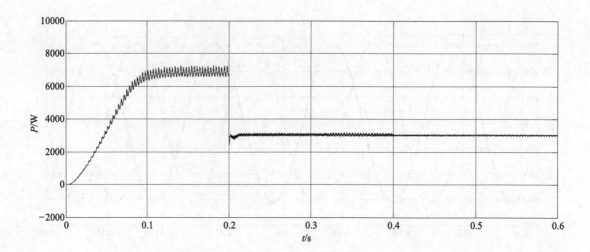

图 8-50　光伏单元输出有功功率

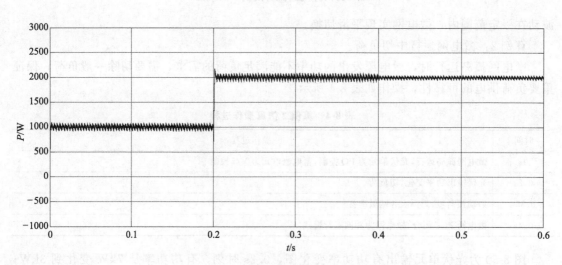

图 8-51　蓄电池单元输出有功功率

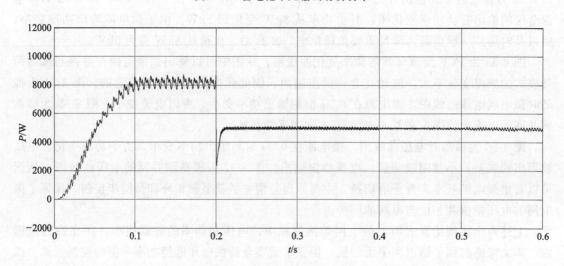

图 8-52　微电源输出有功功率

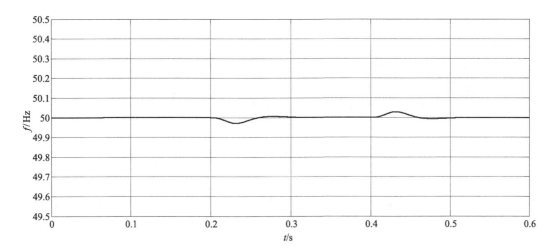

图 8-53　PCC 交流母线的频率变化曲线

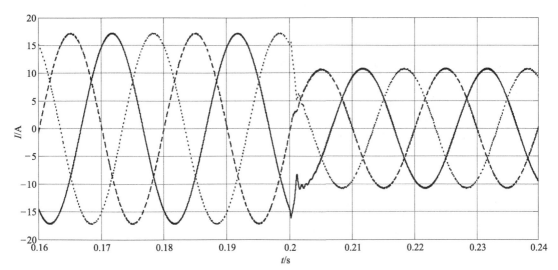

图 8-54　孤岛时微电网输出电流变化曲线

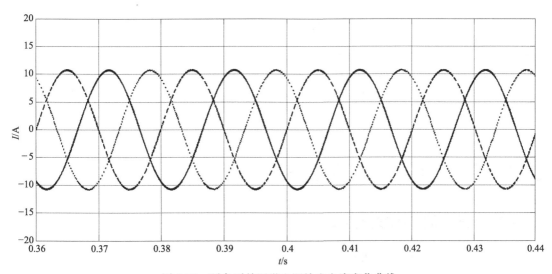

图 8-55　孤岛到并网微电源输出电流变化曲线

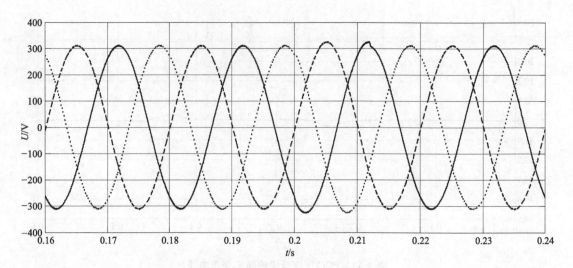

图 8-56　孤岛时 PCC 电压变化曲线

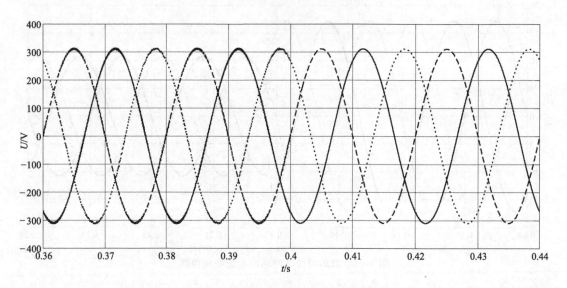

图 8-57　孤岛到并网 PCC 电压变化曲线

预同步控制；并网到孤岛切换，电压有波动，但是在一定范围内，实现平稳过渡，由于采用孤岛相位锁定和改进主控制器，保证切换时刻相位一致；切负荷过程中，电压先增大后平稳，能保证重要负荷供电，表明切负荷控制策略准确性；微电网与电网交换功率波形表明微电网能保证内部功率平衡。

8.7　微电网平台搭建实例

8.7.1　微电网系统设计方案

微电网实验系统总体设计如图 8-58 所示，实验平台包括两台逆变器、可控接触器、三相变压器、单相变压器、整流桥等器件。其中，单相变压器和整流桥用来模拟直流分布式电源代替光伏阵列和蓄电池，可控接触器用来模拟公共连接点（PCC）。蓄电池单元逆变器为主逆变器，光伏单元逆变器为从逆变器。

两台逆变器均为全桥拓扑结构，一台为主逆变器，一台为从逆变器，如图 8-59 所示。两台逆变器的额定功率均为 15kW，开关频率为 12.3kHz；滤波为 LC 结构，滤波电感为 3mH，电容为 $10\mu F$。实验平台逆变器的控制器的芯片为 TMS320F2808。逆变器的其他各

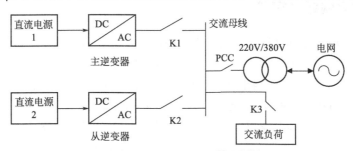

图 8-58　微电网实验设计结构图

(a) 自制微电网实验系统

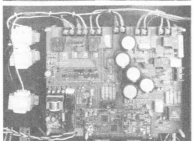

(b) 每台柜内有两台用于微电网实验的并离网逆变装置

图 8-59　微电网实验系统

项参数指标如下：①直流母线额定输入电压为350～550V；②交流侧额定输出电压为220V；③额定电网频率为50Hz。

主逆变器并网运行时采用PQ控制，为电网输出电能；孤岛运行时采用V/f控制，为从逆变器提供电压和频率参考，并具有一定的功率输出。

8.7.2 微电网逆变实验

逆变器并网之前首先调试逆变器输出电压的幅值，与电网电压完全相同后，然后调试相位和频率与电网的完全一致，才可以并网。图8-60是孤岛时逆变器输出线电压U_{ab}和电网U_{ab}波形，从图可以看出逆变器输出电压与电网电压相位频率一致，经过调节，电压幅值相等后，然后测试线电压U_{bc}和U_{ac}满足条件后，准备从孤岛模式切换到并网模式。图8-61是并网时交流母线电压波形和电流波形，负载为纯阻性负载，相位一致。

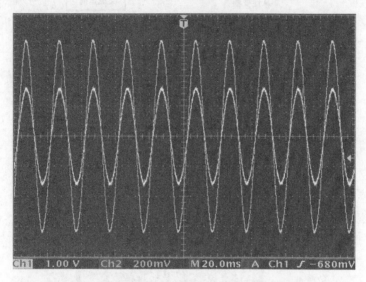

图8-60　孤岛时逆变器输出电压和电网电压波形

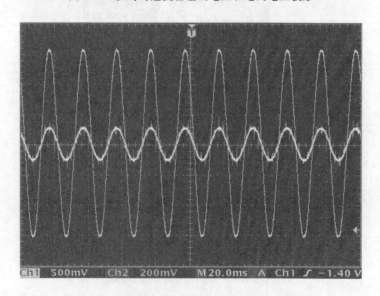

图8-61　并网时交流母线电压波形和电流波形

图 8-60 通道 1 为采集电网电压波形，通道 2 为逆变器输出电压波形，横坐标每格 10ms；图 8-61 通道 1 为采集电流波形，通道 2 为交流母线电压波形，横坐标每格 10ms。

8.7.3 微电网实验

两台逆变器调试并网和孤岛实验成功后，将两台逆变器按图 8-58 所示接线。首先让主逆变器并网，然后从逆变器并网，均为 PQ 控制；两台逆变器并网，上位机给主逆变器孤岛命令后，接触器断开，微电网孤岛运行，主逆变器改为 V/f 控制，从逆变器仍为 PQ 控制。

图 8-62 为微电网孤岛运行到并网运行交流母线电压变化图，图 8-63 为微电网并网运行到孤岛运行交流母线电压变化。

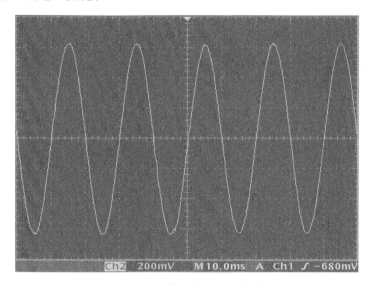

图 8-62　孤岛到并网电压变化

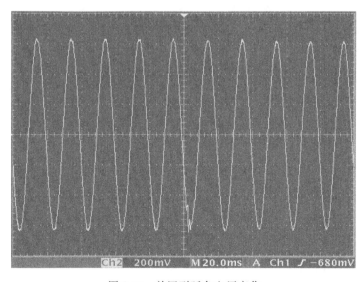

图 8-63　并网到孤岛电压变化

从图 8-62 可以看出虽然电压切换出现了微小的波动，但是微电网实现平滑切换，主要原因是微电网孤岛运行时，采用锁相环、预同步控制和改进的控制器。切换时刻，相位与电网的一致，一直跟随电网变化，切换的比较平稳，基本实现平滑切换。

从图 8-63 可以发现切换过程出现电压波动，这是由于微电网切换到孤岛模式后没有电网支撑，电压略微变小，但是波动在允许范围内，实现平滑切换。

实验结果表明，本书采用的控制策略能实现微电网的平滑切换。孤岛到并网切换，通过电压波形表明基本实现平滑和无缝切换，主要是由于采用锁相环、孤岛相位锁定和预同步控制，切换时刻相位与电网一致；并网到孤岛切换，电压有波动，但是在一定范围内，实现平稳过渡，由于采用孤岛相位锁定和改进主控制器，切换时相位继续以频率 f 向前变化，相位不会跳变。

结束语

随着光伏发电产业的发展,光伏发电并网逆变技术将会成为基础性产业技术。与此同时,新的挑战也不断涌现。光伏发电大规模发展将导致电网潮流的复杂化,电网故障保护问题也更加难以应对。这使得光伏并网逆变器作为输出端口的光伏电站系统建模研究和逆变控制策略标准化要求成为必然选择。电力系统对光伏电站发电质量和调度能力的要求不断提高使得储能型光伏电站得到了发展,这对储能充放电控制的双向并网逆变技术提出更多要求。智能电网的发展,将推动光伏微电网从概念走向现实。这些发展趋势对光伏发电并网逆变技术提出了新的要求,也将继续引领电力电子技术在光伏发电领域的发展。

在即将完成本书之际,特向为本书提供大量技术资料和使用授权的赵治国、马强、张立强、孙立宁、崔志强、刘炳山、赵国伟、刘哲、王同广、莫红影、张雷、张航、张秀云、张鹏、张晓娜、王增喜、郭向尚表示感谢,向为本书直接或间接给予支持的石家庄科林电气有限公司、保定尤耐特电气有限公司、江阴新昶虹继电有限公司、宁波中焱光伏科技有限公司、天津诺尔电气股份有限公司、日本 Myway 技研株式会社、天津市电源研究会表示感谢。感谢天津市科学技术协会提供的出版基金支持。

向始终给予关心和支持的博硕导师许镇琳先生、孙鹤旭先生、杨鹏先生以及长期给予教诲、帮助的良师王华君先生表示感谢。向所有给予支持和帮助的朋友表示感谢。

参 考 文 献

[1] 杨校生，吴金城，等. 风电场建设运行与管理［M］. 北京：中国环境科学出版社，2010.

[2] 孙鹤旭. 河北省风电装备产业技术路线图［M］. 北京：机械工业出版社，2011：9-30.

[3] 谭建成. 新编电机控制专用集成电路与应用［M］. 北京：机械工业出版社，2005.

[4] 黄俊. 电力电子技术［M］. 第4版. 北京：机械工业出版社，2000.

[5] 苏开才，毛宗源. 现代功率电子技术［M］. 北京：国防工业出版社，1995.

[6] 慕丕勋，冯桂林. 开关稳压电源原理与实用技术［M］. 北京：科学出版社，2005.

[7] 童诗白. 模拟电子技术［M］. 第4版. 北京：高等教育出版社，2000.

[8] Edwards C. 可持续能源的前景［M］. 北京：清华大学出版社，2002：25-78.

[9] 柴树松. 铅酸蓄电池制造技术［M］. 北京：机械工业出版社，2013：5-105.

[10] 林飞，杜欣. 电力电子技术的 MATLAB 仿真［M］. 北京：中国电力出版社，2009：50-72.

[11] 葛哲学，孙志强. 神经网络理论与 MATLAB R2007 实现［M］. 北京：电子工业出版社，2007：102-204.

[12] 王淑惠，鞠文耀，贾中璐. 基于复合控制的单相并网逆变器研究［J］. 电力电子技术，2011（02）：30-35.

[13] 封淑亭，郭迎辉. 单相光伏并网逆变器的控制算法［J］. 电气开关，2012（01）：35-39.

[14] 蔡逢煌，郑必伟，王武. 单相光伏并网逆变器的两种控制算法比较［J］. 电力电子技术，2011（04）：16-19.

[15] 马琳，金新民，唐芬，等. 三相并网逆变器比例谐振控制及其网压前馈问题分析［J］. 电工技术学报，2012（08）：3-9.

[16] 石庆均，狄光超，江全元. 独立运行模式下的微网实时能量优化调度［J］. 中国电机工程学报，2012，32（16）：26-35.

[17] 吴华波. 基于双闭环重复控制的并网逆变器的研究［J］. 电力电子技术，2010（11）：32-36.

[18] 周雪松，宋代春，马幼捷，等. 光伏发电系统的并网重复控制及仿真［J］. 电力电子技术，2010（05）：4-8.

[19] 刘砚涛，刘玉蓓，尹伟. LC 滤波器设计方法介绍及其仿真特性比较［J］. 电子测量技术，2010（05）：3-6.

[20] 贺映光，任小洪，方刚，等. 单相 PWM 逆变器输出滤波器优化设计［J］. 电气传动，2010（11）：28-32.

[21] 张军，卞清. 基于 IGBT 的逆变器驱动电路设计［J］. 自动化技术与应用，2011（03）：9-12.

[22] 杜毅，廖美英. 逆变器中 IGBT 模块的损耗计算及其散热系统设计［J］. 电气传动自动化，2011（01）：3-8.

[23] 石昆，章坚民，李阳春，等. 基于 DSP 的三相光伏并网逆变器控制系统设计与实现［J］. 电子器件，2011（03）：20-25.

[24] 姚为正，付永涛，芦开平. 30kW 光伏并网逆变器研究［J］. 电源技术，2012（02）：12-15.

[25] 王大鹏，谢战洪，宋辉. 并联型 100kW 三相光伏并网逆变器设计［J］. 科学技术与工程，2012-4：11-16.

[26] 武星，殷晓刚，宋昕，等. 中国微电网技术研究及其应用现状［J］. 高压电器，2013，49（9）：142-149.

[27] 杨勇，阮毅. 三相并网逆变器直接功率控制［J］. 电力自动化设备，2011，31（9）：54-59.

[28] 董锋斌，皇金锋，傅周兴，等. 一种三相四桥臂逆变器的数学模型分析［J］. 电力自动化设备，2011，31（6）：98-101.

[29] 曾德辉，潘国清，王钢，等. 含 V/f 控制 DG 的微电网故障分析方法［J］. 中国电机工程学报，2014，34（16）：2604-2611.

[30] 郑永伟，陈民铀，李闯，等. 自适应调节下垂系数的微电网控制策略［J］. 电力系统自动化，2013，37（7）：6-11.

[31] 王成山，李琰，彭克，等. 分布式电源并网逆变器典型控制方法综述［J］. 电力系统及其自动化学报，2012，24（2）：12-20.

[32] HAMROUNI N，JRAIDI M，CHERIF A. New control strategy for 2-stage grid-connected photovoltaic power system, Renewable Energy［J］，2008，33：2212-2221.

[33] GREEN T C，PRODANOVI'C M. Control of inverter-based micro-grids, Electric Power Systems Research［J］，2007，77：1204-1213.

[34] KEREKES T，TEODORESCU R，BORUP U. Transformerless Photovoltaic Inverters Connected to the Grid［C］. Applied Power Electronics Conference. APEC 2007 - Twenty Second Annual IEEE，2007（01）：10-16.

[35] LOPEZ O，TEODORESCU R，DOVAL-GANDOY J. Multilevel transformerless topologies for single-phase grid-connected converters［C］. IEEE IECON 2006- 32nd Annual Conference on Industrial Electronics，2006（02）：5-13.

［36］ GONZALEZ R, LOPEZ J, SANCHIS P, et al. Transformerless Inverter for Single-Phase Photovoltaic Systems ［J］. Power Electronics, IEEE Transactions on, 2007 （02）: 15-18.

［37］ KOIZUMI H, MIZUNO, et al. A Novel Microcontroller for Grid-Connected Photovoltaic Systems ［J］. Industrial E-lectronics IEEE Transactions on, 2006 （02）: 18-20.

［38］ ROMAN E, MIZUNO T, KAITO T, et al. Intelligent PV module for grid-connected PV systems ［J］. IEEE Transactions Industrial Electronics, 2006 （12）: 14-17.

［39］ RYOICHI H, HIROYUKI K, TAKAYUKI T, et al. Testing the technologies-demonstration grid-connectedphoto-voltaic projects in Japan ［J］. IEEE Power& Energy Magazine, 2009 （12）: 14-17.

［40］ KIM S K, JEONJ H, CHO C H, et al. Dynamic mod-eling and control of a grid-connected hybrid generationsystem with versatile power transfer ［J］. IEEE Trans-actions on Industrial Electronics, 2008 （12）: 24-28.

［41］ LOPES J A P, HATZIARGYRÌOU N, MUTALE J, et al. Integrating distributed generation into electric power sys-tems: A review of drivers, challenges and opportunities ［J］. Electric Power Systems Research, 2007, 77 （9）: 1189-1203.

［42］ DRIESEN J, KATIRAE I F. Design for distributed energy resources ［J］. IEEE Power and Energy Magazine, 2008, 6 （3）: 30-40.

［43］ STEVENS J, VOLLKOMMER H, KLAPP D. CERTS microgrid system tests ［C］. Power Engineering Society Gen-eral Meeting, Tampa, 2007, 5: 2060-2063.

［44］ ISE T. Advantages and circuit configuration of a DC microgrid ［C］. Proceedings of the Montreal 2006 Symposium on Microgrids, Montreal, 2006.

［45］ UZUNOGLU M, ALAM M. Dynamic modeling, design and simulation of a combined PEM fuel cell and ultracapaci-tor system for stand-alone residential applications ［J］. IEEE Transactions on Energy Coversion, 2006, 21 （3）: 767-775.

［46］ TIMBUS A, TEODORESCU R, BLAABJERG F, et al. Linear and nonlinear control of distributed power generation systems ［C］. Proceedings of 2006 IEEE Industry Applications Conference, Tampa, 2006: 1015-1023.

［47］ KAREL D B, BRUNO B, RONNIE B. A voltage and frequency droop control method for parallel inverters ［J］. IEEE Transactions on Power Electronics, 2007, 22 （4）: 1107-1115.

［48］ MOLINA M G, MERCADO P E. Modeling and control of grid-connected photovoltaic energy conversion system used as a dispersed generator ［C］. Proceeding of 2008 IEEE/PES Transmission and Distribution Conference and Exposi-tion, Bogota, 2008: 1-8.

［49］ PECAS LOPES J A, MOREIRA C L, MADUREÌRA A G. Defining control strategies for microgrids islanded opera-tion ［J］. IEEE Transactions on Power Systems, 2006, 21 （2）: 916-924.

［50］ YAMADA F, WAZAWA Y, KOBAYASHI K, et al. Prediction of next day solar power generation by gray theory and neural networks ［J］. IEEE Transations on Power and Energy, 2014, 134 （6）: 494-500.

［51］ PERPINAN O, LORENZO E, CASTRO M A. On the calculation of energy produced by a PV grid-connected sys-tem ［J］. Progress in Photovoltaics: Research and Applications, 2006, 15 （3）: 265-274.

［52］ ALMONACID F, RUS C, PEREZ P J, et al. Estimation of the energy of a PV generator using artificial neural net-work ［J］. Renewable Energy, 2009, 34 （12）: 2743-2750.

［53］ KUDO M, NOZAKI Y, ENDO H, et al. Forecasting electric power generation in a photovoltaic power system for an energy network ［J］. Electrical Engineering in Japan, 2009, 167 （4）: 16-23.

［54］ HASSANZADEH M, ETEZADI AMOLI M, FADALI M S. Practical approach for sub-hourly and hourly prediction of PV power output ［C］. North American Power Symposium, United states , 2010: 1-5.

［55］ REIKARD G. Predicting solar radiation at high resolutions: A comparison of time series forecasts ［J］. Solar Ener-gy, 2009, 83 （3）: 342-349.